敏捷整洁之道
回归本源
Clean Agile
Back to Basics

[美] 罗伯特·C. 马丁（Robert C. Martin） 著

申健 何强 罗涛 译

熊节 韩磊 审校

人民邮电出版社

北京

图书在版编目（ＣＩＰ）数据

敏捷整洁之道：回归本源 /（美）罗伯特·C. 马丁
(Robert C. Martin) 著；申健，何强，罗涛译. -- 北京：
人民邮电出版社，2020.7
书名原文：Clean Agile: Back to Basics
ISBN 978-7-115-53715-7

Ⅰ. ①敏… Ⅱ. ①罗… ②申… ③何… ④罗… Ⅲ.
①软件开发 Ⅳ. ①TP311.52

中国版本图书馆CIP数据核字(2020)第049467号

内 容 提 要

本书是软件开发界的传奇人物罗伯特·C. 马丁（"鲍勃大叔"）对敏捷发展历程的回顾，对敏捷最初用意的重述，对敏捷价值观和原则的传达。本书首先概述敏捷的历史、敏捷的全貌；然后说明敏捷出现的缘由；接着讲解敏捷的业务实践、团队实践和技术实践，介绍成就敏捷的因素，还谈到敏捷转型中常见的问题与困难；最后提出软件匠艺理念。

本书适合开发人员、测试人员、管理人员、项目经理、业务人员等软件行业从业者阅读。

- ◆ 著　　　　[美] 罗伯特·C. 马丁（Robert C. Martin）
  译　　　　申健　何强　罗涛
  审　校　　熊节　韩磊
  责任编辑　杨海玲
  责任印制　王　郁　焦志炜
- ◆ 人民邮电出版社出版发行　　北京市丰台区成寿寺路 11 号
  邮编　100164　电子邮件　315@ptpress.com.cn
  网址　https://www.ptpress.com.cn
  北京市艺辉印刷有限公司印刷
- ◆ 开本：800×1000　1/16
  印张：16
  字数：204 千字　　　　　　　　　2020 年 7 月第 1 版
  印数：1 – 10 000 册　　　　　　　2020 年 7 月北京第 1 次印刷
  著作权合同登记号　图字：01-2019-8015 号

定价：69.00 元
读者服务热线：**(010)81055410** 印装质量热线：**(010)81055316**
反盗版热线：**(010)81055315**
广告经营许可证：京东工商广登字 20170147 号

版权声明

献给曾挑战过风车或瀑布的程序员们。[1]

---

1 本句英文原文为 "To every programmer who ever tilted at windmills or waterfalls."，tilt at windmills 源自《堂·吉珂德》主人公手持长矛攻击风车的故事，意为"向不存在的敌人发起挑战"。

推荐序一

　　鲍勃大叔对于敏捷发展的现状看不下去了。身为多本敏捷软件开发经典著作的作者和敏捷宣言缔造者之一，鲍勃大叔推出得力新作。又一次，鲍勃大叔从一个真正热爱构建高品质软件的工程师和全力为团队争取尊重的敏捷先锋人物的视角，带着我们重温敏捷初衷，同时又对如何能实现真正的敏捷提出犀利的见解。鲍勃大叔秉承其一贯风格：旗帜鲜明，简洁为本，一针见血。无论您是想成为卓越软件开发者还是领导者，此书都是力荐之作。

　　为什么鲍勃大叔及一众大牛们都开始坐不住了呢？我猜想可能是与最近层出不穷的软件行业相关负面新闻有关。震惊海内外的波音 737 Max 系列飞机事故导致几百人丧生，事件中波音管理层或多或少把"矛头"指向软件工程师造成的 MCAS（Maneuvering Characteristics Augmentation System，机动特性增强系统）软件缺陷；某大国国防部针对如何避免软件开发项目中的 Agile BS（伪敏捷），公开发表概要指南；作为客户方，某大型跨国租车公司在一个项目上稀里糊涂花掉 5000 万美元之后，却没有任何供用户使用的新功能上线，为此与相关软件开发外包供应商对簿公堂……林林总总的案例引发了大家对以下现状的审视：

- 软件产品的品质欠缺，以及缺乏真正的质量透明性；
- 许多场合里，软件工程师们没有获得真正的尊重；
- 用瀑布的管理思维来管控敏捷软件交付团队；
- 从业人员素质良莠不齐，有些人甚至缺乏基本功及职业素养；

- 软件产品的用户/最终客户的价值被所谓的开发过程所稀释，或被忽视，或缺乏及早反馈；
- 领导者们继续使用传统项目化、流程化思维来管理实质上应该是所有人一起创造价值的工作；
- 可怜又无奈的工程师们继续被牵着鼻子走，缺乏尽早的参与，缺乏贡献和共识的形成。

而这些还不是全部的"槽点"！若你也想寻找正本清源的敏捷软件开发及管理的思路，以及上述现状的解决方法，此书没准是你的"良丹妙药"。上述问题不仅是中国从业人员所面临的，也是全球软件产品研发产业的一些通病。

鲍勃大叔所强调的"规模化敏捷是个伪命题"也很有意思。虽然我们不一定完全认同鲍勃大叔在本书中的所有观点和看法，但我也觉得规模化敏捷的发展现状是值得探讨的。本人从事敏捷教练事业多年，也一直主张一个企业或组织要想有效规模化，先要好好从每一个小团队的敏捷性和敏捷交付能力入手开始培养，也就是要想规模化，先要去规模化。遇到一直没有得到妥善处理但又反复出现的问题，"就要反过来想，一直反过来想！"（巴菲特合伙人查理·芒格老先生最常用的原则之一）。

众所周知，敏捷思想起源于软件开发的场景，现在开始渗透到各行各业的各种场景。本书开篇，鲍勃大叔观察并指出现在的世界越来越由软件来驱动运作了。对比其他事物，软件是这么的独特和不同。本人也觉得，在一个复杂多变、高速发展的世界，我们也应该多尝试用软件化/数字化的思维来思考和指导我们如何来持续创造价值，无论独自还是在团队中都能保持快乐和平和，充满好奇和感恩，和客户携手共创。古人云："善战者，因其势而利导之。"敏捷就是顺应时代发展趋势和诉求所产生的必然思想和方法。

纤余为妍，卓荦为杰——成为更卓越的自己，是人类进化的脚步；如何成为更卓越的自己，并成就团队，是敏捷启发世界去探索的课题。让我们真正敏捷起来吧！

享受阅读。

李国彪（Bill）

优普丰敏捷学院（UPerform Agile Academy）创始人/敏捷教练

于 2020 年春

推荐序二

自"敏捷开发"这个词诞生之日起，已近 20 年历史，它从被人质疑，已发展到行业内几乎人人言必称"敏捷"。然而，"此敏捷"已非"彼敏捷"。2010 年之后，我的口头语变为"别提敏捷，只解决问题"。因为，从那时起，敏捷就已经开始出现似是而非的倾向了。很多人出于不同的目的，将无限多的内容加入到"敏捷"之中，使它变得模糊不清。当向管理者介绍敏捷时，只强调了敏捷可以让软件成本更低，交付更快，质量更高，但没有强调它需要严格的纪律，这种纪律既要约束雇员，也要约束老板。

有人会说，敏捷也应该与时俱进。是的，鲍勃大叔的确与时俱进了，但不是加入更多让人难以琢磨的复杂概念，而是对最基本原则与实践的进一步澄清。

作为软件行业的一名"老兵"，持续交付先行者和布道者，我强烈建议你读一下鲍勃大叔的这本小册子。只需要两个小时，你就会得到关于"敏捷"清晰且纯粹的定义，即：敏捷虽然是一种帮助小团队运作小项目的方法，但它对整个 IT 行业有着巨大的影响，因为任何大项目都是由若干小项目组成的。它还定义了非常具体和明确的开发实践，那就是著名的"极限编程十二实践"。这本书可以说是行业内充满流行的华丽辞藻海洋中的一股清流。

这本书首先讲述了"敏捷"的发展线，并指出，虽然很多培训认证让更多的人知道了"敏捷"这个词，但同时也让越来越多不真正理解软件开发这一领域的人成了"似是而非敏捷"的代言人。本书也批驳了那些似是而非敏捷的说法与观点。

此外，本书从业务、团队和技术 3 个维度讲解了敏捷必须包含的实践，而它们正是极限编程中的 12 个实践。我自己读完这本书的收获是，可以明确且清楚地向人解释"隐喻"这一极限编程实践到底是什么了。它就是统一语言（ubiquitous language）——领域驱动开发（Domain-Driven Design，DDD）中的一个核心概念。

有趣的是，本书最后还直接引用了其他人的文章。而这其中有些文章似乎是反对鲍勃大叔观点的。然而，细读你会发现，它们不但肯定了书中提到的实践，而且也指导组织如何去学习掌握这些实践，从而让组织真正敏捷起来。

最后，无论如何，你都值得花上两小时读一读这本小册子，至少可以获取一种能力——判断那些"似是而非敏捷"的能力。

乔梁

行业畅销书《持续交付 2.0》作者，腾讯高级管理顾问

2020 年 2 月 14 日于深圳

推荐序三

2020 年的春节是一个非常时期，新冠病毒疫情导致了大家都待在家里。"鲍勃大叔"（Uncle Bob，Robert C. Martin）的 *Clean Agile* 这本书的中译版就要跟大家见面了，如果在此期间大家有机会看这本书，复工之后将会创造软件开发的敏捷大革命！

在这敏捷超热的时代，太多所谓的敏捷专家和敏捷推广者已经变得形式化了，他们给出的是理论和一些很有可能自己都没试过的实践和方法论，丢掉了敏捷的精髓。

鲍勃大叔是敏捷历史上的主要人物，也是敏捷创建者之一，对敏捷的出现和发展过程一清二楚。无论是在《敏捷宣言》编写之前还是之后，鲍勃大叔一直强调的是软件开发的实战技能和具体可落地的实践。跟某些软件敏捷宣言的编写者大有不同，鲍勃大叔一直以来是方法论的独立分子，没有对某一个方法论做推广，反而一直强调实用性。在本书中，鲍勃大叔毫无保留地跟所有敏捷爱好者分享了他对敏捷的看法、体会、应该注意的事项，以及他丰富的经验。本书非常值得参考。

这里我还想代表所有中国敏捷爱好者感谢翻译者申健、何强、罗涛和审校者熊节、韩磊。这几位老师都是中国敏捷界的高手，不仅保证了翻译准确，并且保持了原有的精髓。

非常时期值得看与众不同的书。本书十分值得敏捷爱好者的关注和探讨。

祝各位敏捷之旅一路顺意，身体健康！

史文林（Vernon Stinebaker）
CST、CEC、CTC、极限编程爱好者
2020 年 2 月 20 日于上海

译者序

20 年前美国雪鸟镇的一次聚会无意中掀起了软件开发世界乃至整个商业世界的"敏捷"浪潮，短短 4 句敏捷宣言道出了软件产品开发管理应有的状态。只是，还差了一点点。虽然当时的 17 人中有好几位极限编程（Extreme Programming，XP）的代表，但是为了与其他管理类的敏捷方法求同存异，他们淡化了软件匠艺——编程工作基本功的内容。只有宣言第二条略有提及，然而什么叫"可工作的软件"，即使去问拥有几年经验的敏捷实践者，也会得到模棱两可的不同解读，更别提去问照本宣科的道听途说者了。

作者"鲍勃大叔"在国际敏捷社区非常活跃，贡献过《敏捷软件开发：原则、模式与实践》《代码整洁之道》《代码整洁之道：程序员的职业素养》等书，还分享过很多优秀的编程练习（Kata）。2008 年他曾提议给敏捷宣言加上第五句——"匠心雕琢高于瞎写垃圾"（Craftsmanship over Crap），由此引出本书第 7 章提到的"软件匠艺宣言"，这部分内容值得每一个软件编程从业者细细品味。全书再次强调了极限编程的实践，试图让业界的关注点回归软件开发的本源。因为光有管理实践如 Scrum、看板等，并不足以交付出"可工作的软件"。

然而，在敏捷成为业界共识之时，一些传统过程专家和顾问也加入进来。别说敏捷开发了，他们连基本的编程技巧都不懂，就敢指导客户进行敏捷软件开发。他们中有的干脆打着 DevOps 旗号卖一套工具了事，退步到敏捷宣言右半边去了；还有的将业务流程重组（Business Process Reengineering，BPR）方案改几个名词，使其摇身一变成为规模化敏捷大合集，忽悠本就在挣扎的项目组织，美其名曰"与时俱进"。要知道，"与时俱进"与"重走老路"是相反的方向。美国空军首席软件官尼古拉斯·柴兰（Nicolas M. Chaillan）在 2019 年年底发布报告称，所谓的大型敏捷框架反而增加了项目复杂性从而导致了失败，研发管理并不是为了"安全"，而是为了"创造"。这里我们建议企业客户在引入敏捷咨询时要擦亮眼睛，不要被套用高大全解决方案的方式所蒙蔽。

无论哪个商业组织的掌舵者，基本上都是把在自己擅长的赛道上大致确定的长期愿景作为靶心。但是在瞬息万变的商战中，要完成某个具体的目标，就像射击一个移动靶，随时都要应对新情况。因此，对软件开发人员来说，"需求变化"太正常不过了，也难怪业务部门经常抱怨："交付团队的响应力太慢了。"敏捷方法提供的核心帮助可以总结成两个字：早和准。"准"的意思是说，帮助业务部门做出真正能带来客户价值、市场愿意为之买单的产品；同时编码实现要符合需求及质量要求。这些都要靠尽"早"反馈来响应变化，体现在迭代演示、频密集成、自动验证、定期回顾等手段中。

数字化浪潮席卷所有的传统行业，从 20 世纪 80 年代起对软件开发人员的需求一直在快速增长。我从事敏捷顾问与教练的工作多年，见过国内外很多转型中的团队，可谓是五花八门、各有千秋，但它们都有一个相同点：缺乏做事的基本功。各种文档和流程管理着需求分析、编程技巧、工程规范、项目管理等方方面面，但事实上，很多团队却仍然停留在凭本能做事的作坊式管理水平，使团队成员疲于救火，不要说敏捷，就是与书本上讲的瀑布式开发比都差得远。

响应变化需要付出成本，而能够降低技术债的 XP 实践正是降低响应成本的一大法宝，这就是软件开发行业的基本功！基本功从哪来？刻意练习，没有捷径。有心的读者可以去敏捷社区了解一下，包括各种线上和线下的 TDD 练功房、需求分析练功房、Scrum 联盟的 CSD 课程、软件匠艺小组等。

感谢敏捷社区的同仁、团队伙伴和学员们，以及家人和朋友给予的支持鼓励，让我们5人远程翻译和审校团队在3个月就通力完成了本书的翻译。

谨以此书献给中国敏捷社区。刻意练习，频密验证，正本清源，重新出发。

申健（Jacky）

优普丰敏捷学院全球合伙人

于 2020 年春节

译者简介

申健 优普丰全球合伙人，首席敏捷教练，国际 Scrum 联盟 CST 认证培训师，全球首位 CTC 认证敏捷教练及评审委员会成员，极限编程爱好者。在跨国企业从事 10 多年研发和管理工作，涉及电信、金融、互联网等领域。2007 年开始实战敏捷开发，对结合教练技术等软技能来帮助组织提升领导力和导入工程实践，从而提升产品开发的效果与质量很感兴趣。常年担任全国敏捷社区组织者、评委和嘉宾。培训和咨询辅导过的客户达数百家。

何强 有 10 多年大型外企一线研发与管理经验。进阶 CSM 认证者和 PMP，2011 年开始带领团队进行敏捷软件开发，并推动组织级敏捷转型。在公司内部进行敏捷文化推广、敏捷开发流程的制定以及工程实践工具链落地等工作。后逐步担任企业敏捷教练，推动跨国多团队规模化敏捷实施与优化。有多年培训以及对 Scrum 关键角色辅导与团队转型辅导经验。擅长对不同团队敏捷实施方案的定制与实施、组织内敏捷文化推广、团队从 0 到 1 的敏捷转型辅导、敏捷开发工具链的组织与调优等。

2　译者简介

罗涛　Scrum@Scale 认证实践者，曾任用友集团开发管理部总经理，特聘讲师，集团内多条产品线的敏捷教练/教头，培训师，咨询师，应用架构设计专家。同时作为创新的推进者和实践者，拥有 5 项国家发明专利，并在集团内部负责培训、评审和推进专利，以及相关的创新工作。除了主流的催化技术，还擅长使用游戏学习、情景戏剧学习等方式进行引导。

审校者简介

熊节 中国 IT 业界意见领袖、敏捷先行者。从 2001 年开始将敏捷思想引入中国，引领了中国敏捷浪潮。曾指导多家知名企业导入敏捷方法，对这些企业产生了深远的影响。曾在各类专业媒体发表数十篇文章，并主持翻译了《重构：改善既有代码的设计》《软件工匠》《实现模式》《卓有成效的程序员》等敏捷领域的重要著作，其中《重构：改善既有代码的设计》被誉为"软件业三大必读经典"之一。他的新作《敏捷中国史话》是第一部系统记录敏捷在中国发展历程的著作。

韩磊 互联网产品与社区运营专家，技术书籍著译者。曾任 CSDN 副总经理、《程序员》总编辑、广东二十一世纪传媒股份有限公司新媒体事业部总经理等职。现任 AR 初创企业亮风台广州公司总经理。译有《代码整洁之道》《梦断代码》《C#编程风格》等书。此外还与刘韧合著《网络媒体教程》，与戴飞合译《Beginning C# Objects 中文版：概念到代码》。

序

敏捷开发到底是什么？它从何而来？又如何演进至今？

在这本书中，鲍勃大叔对这些问题给出了深思熟虑的答案，同时也指出了敏捷开发被误读、被腐化的各种形式。作为敏捷开发最初的奠基人之一，他在这个话题上有着举足轻重的权威性。

鲍勃和我是多年老友。我在加入 Teradyne 公司的电信部门时第一次遇见他。当时我是一名电气工程师，负责产品安装和支持。后来，我成了硬件设计师。

大约在我入职一年后，这家公司开始寻找关于新产品的点子。1981 年，鲍勃和我共同提出了"电子电话接线员"的提议——说白了就是一个语音信箱系统，该系统带有呼叫转移的功能。公司喜欢这个想法，我们很快就开发了这个简称"E.R."（电子接线员）的系统。我们开发的原型代表了当时的最高水平。这套系统运行在 MP/M 操作系统和 Intel 8086 处理器上。语音信息存储在 5 MB 容量的希捷（Seagate）ST-506 硬盘上。我设计了语音端口的硬件，鲍勃则开始编写应用程序。当我完成硬件设计时，我也转去编写应用代码。由此开始，我就转型成了一个软件开发者。

大约在 1985 年或者 1986 年，Teradyne 公司突然中止了 E.R.系统的开发，并且撤回了专利申请——我们对此全不知情。这一举措是基于商业考虑的，公司很快就追悔莫及，而鲍勃和我至今仍为之扼腕。

最终，我俩都因为有了其他机会而离开了 Teradyne。鲍勃在芝加哥地区开展咨询业务，我则从事软件外包及指导工作。虽然我搬去了另一个州，但我俩还一直保持着联系。

2000 年，我在 Learning Tree International 教授面向对象分析和设计的课程。这门课包含了 UML 和统一软件开发过程（Unified Software Development Process，USDP）。我精通这些技术，但对 Scrum、极限编程之类的方法论则不熟悉。

2001 年 2 月，《敏捷宣言》（Agile Manifesto）发布了。跟很多开发者一样，我的第一个反应是："敏捷是什么玩意儿？"我唯一知道的"宣言"就是卡尔·马克思的《共产党宣言》。敏捷是要彻底推翻旧的软件开发模式吗？可怕的软件激进主义！

后来的历史证明，《敏捷宣言》的确开启了一场反叛。它鼓舞开发者们采用协作式的、适应式的、反馈驱动的方法来开发精简整洁的代码。它提供了"重量级"过程（例如瀑布和 USDP）之外的另一种选择。

《敏捷宣言》发布至今已有 18 年了。对如今的很多开发者而言，它已经成了古老的历史。因此，你对敏捷开发的理解很可能与敏捷奠基者当初的意图相去甚远。

这本书的目标就是要正本清源。它给读者提供了一个历史的视角，使读者更完整、更准确地看清敏捷开发。在我认识的人当中，鲍勃大叔是最聪明的之一，他对编程有着无尽的热情。如果有人能拨开围绕着敏捷的层层迷雾，那就一定是他。

杰瑞·费茨帕特里克（Jerry Fitzpatrick）
Software Renovation Corporation
于 2019 年 3 月

前言

本书不是在做学术研究，所以我没有做详尽的文献综述。你即将读到的是我本人对于敏捷20年发展历程的回忆、观察和意见，仅此而已。

本书采用了口头对话式的写作风格。我的用词有时略显粗鲁。虽然我并不是爱爆粗口的人，但你会发现书中偶尔会有一两句（经过修正的）脏话，因为有时我真找不到其他更好的表达方式。

当然，这本书并非随意挥洒。在必要的地方，我也给出了参考资料，读者可以去查阅。对于书中提到的一些事实，我已经尽可能地向敏捷社区的其他人求证。我还邀请了其中几位在独立的章节里提供补充和反对的观点。请不要把这本书视为学术著作，最好将它视为一本回忆录——就像脾气暴躁的老年人满腹牢骚，叫时尚新潮的敏捷小年轻们从他家草坪上滚开。

程序员和非程序员都可以读这本书。这不是一本技术书，书里没有代码。我想让读者大致了解敏捷软件开发最初的意图，而不必了解太多编程、测试和管理的细节。

这是一本小册子，因为敏捷本就不是什么大话题，而是帮助做小事的小编程团队解决小问题的小主意。敏捷不是给做大事的大编程团队解决大问题的大概念。原本只是解决小问题的小办法，却专门给它起了个名字，这也多少有些讽刺。毕竟，早在20世纪五六十年代，几乎在软件被发明的同时，这个小问题就已经得到了解决。那时候，开发软件的小团队能把小问题解决得相当好。但在20世纪70年代，这个原本小团队解决小问题的行业冒出了一种新的理念，觉得必须要组织大团队来干大事，事情从此就开始脱轨了。

难道我们不应该组织大团队干大事吗？老天，当然不！干大事靠的不是大团队，而是靠若干解决小问题的小团队之间的协作。这是 20 世纪五六十年代的程序员凭直觉就知道的，而到了 20 世纪 70 年代人们却忘了这一点。

为什么人们会忘了这件事？我猜想是因为经验没有得到传承。20 世纪 70 年代，全世界程序员的数量爆炸式增长。在那之前，全世界只有几千名程序员。而 20 世纪 70 年代之后，程序员的数量已经达到数十万。到如今，这个数字已经近亿了。

回到 20 世纪五六十年代，当时的第一批程序员不是年轻人，他们大多是在 30 多岁、40 多岁甚至 50 多岁时才开始编程的。而到 20 世纪 70 年代，在程序员人数剧增的同时，这些老一辈的程序员却开始退休了。于是，行业必需的训练从来就没有发生。一帮 20 岁出头的毛头小伙子进入行业，恰好有经验的这帮人又离开了，因此老一辈的经验没有得到有效的传承。

有人认为，这开启了编程领域的某种黑暗时代。整整 30 年，我们一直受困于"用大团队干大事"的理念，根本不知道成功的秘诀其实在于用很多小团队解决很多小问题。

然后，在 20 世纪 90 年代中期，行业开始意识到自己失去了什么，小团队理念开始重新萌芽生长。这个理念在软件开发者的社区里传播，涓滴细流逐渐汇聚成河。到 2000 年，我们意识到，我们这个行业需要一次观念上的重启。我们需要重拾先辈们正确的直觉，我们需要重新认识到：任何大事，都是由很多做小事的小团队共同协作办成的。

为了让这个理念更广为人知，我们给它起了个名字，叫"敏捷"。

这篇前言写于 2019 年的第一天。从 2000 年这次观念重启至今已经过去快 20 年了，我觉得是时候再来一次观念重启了。为什么？因为在过去 20 年里，原本简洁明了的敏捷概念已经变得含糊不清，精益、看板、LeSS、SAFe、现代化、技能提升……形形色色的概念都掺杂其中。这些掺杂进去的理念未必不好，但它们并不是敏捷原本的信息。

所以，现在是时候了。让我们重拾先辈们在 20 世纪五六十年代已经掌握的知识，以及我们在新千年前后学到的知识。现在是时候为敏捷正本清源了。

这本书中没有什么特别的新东西，没有令人震惊的内容，没有突破性的革命。你将读到的是对敏捷的重申——以其在新千年伊始刚被提出时的形态。当然，讲述的视角变了，我们在过去 20 年中学到的一点儿东西也纳入了书中。但整体而论，这本书传递的信息来自 2001 年和 1950 年。

这是历史悠久的信息。这是真实的信息。这段信息，会给那些做着小事的小团队带来小小的解决方案，帮助解决他们的小问题。

致谢

我首先要感谢两位无畏的程序员沃德·坎宁安（Ward Cunningham）和肯特·贝克（Kent Beck），他们快乐地发现（或者说，重新发现）了本书中介绍的这些软件开发实践。

接下来要感谢的是马丁·福勒（Martin Fowler）。最早的时候，如果没有他坚定的双手支撑，敏捷这场革命恐怕就胎死腹中了。

肯·施瓦博（Ken Schwaber）在推广与应用敏捷方面矢志不移的能量，令我对他致以特别的敬意。

还要向玛丽·帕彭迪克（Mary Poppendieck）致以特别的敬意，她浑然忘我地在敏捷运动中投入了无穷无尽的精力，并一直守护着敏捷联盟。

在我看来，罗恩·杰弗里斯（Ron Jeffries）通过他的演讲、文章、博客和性格中的温暖，代表了敏捷运动早期的良知。

麦克·比德尔（Mike Beedle）代表敏捷进行了很多精彩的争论，但很可惜，他无缘无故地在芝加哥街头被一名无家可归者谋杀。

《敏捷宣言》其余的签署人都应在此占据一席之地：阿里·范·本内昆（Arie van Bennekum）、阿利斯泰尔·库克伯恩（Alistair Cockburn）、詹姆斯·格伦宁（James Grenning）、吉姆·海史密斯（Jim Highsmith）、安德鲁·亨特（Andrew Hunt）、琼·科恩（Jon Kern），布莱恩·马利克（Brian Marick）、史蒂夫·梅洛（Steve Mellor）、杰夫·萨瑟兰（Jeff Sutherland）

和戴夫·托马斯（Dave Thomas）。

吉姆·纽柯克（Jim Newkirk），我的朋友，也是我当时生意上的搭档，当时正遭遇大多数人（包括我在内）难以想象的一些个人困难，然而他还是不知疲倦地工作，给了敏捷运动巨大的支持。

接下来，我要感谢 Object Mentor 公司的同事们。他们承担了最早采用和推广敏捷的风险。下面是第一期沉浸式 XP 课程开课时的照片，当时的同事们大多在照片里。

后排：罗恩·杰弗里斯（Ron Jeffries）、罗伯特·C. 马丁（Robert C. Martin，作者）、布莱恩·巴顿（Brian Button）、洛威尔·林德斯托姆（Lowell Lindstrom）、肯特·贝克（Kent Beck）、米卡·马丁（Micah Martin）、安吉利克·马丁（Angelique Martin）、苏珊·罗索（Susan Rosso）、詹姆斯·格伦宁（James Grenning）

前排：大卫·法布尔（David Farber）、埃里克·米德（Eric Meade）、迈克·希尔（Mike Hill）、克里斯·比盖伊（Chris Biegay）、阿兰·弗朗西斯（Alan Francis）、詹妮弗·柯恩科（Jennifer Kohnke）、塔莉莎·杰弗森（Talisha Jefferson）、帕斯卡·罗伊（Pascal Roy）

不在照片中：蒂姆·奥丁格（Tim Ottinger）、杰夫·朗格尔（Jeff Langr）、鲍勃·科斯（Bob Koss）、吉姆·纽柯克（Jim Newkirk）、迈克尔·费瑟斯（Michael Feathers）、迪恩·万普勒（Dean Wampler）、大卫·切林斯基（David Chelimsky）。

　　我还要向敏捷联盟的发起者们致以谢意。下面是敏捷联盟刚成立时的照片，主要的几位发起人都在其中。

由左至右：玛丽·帕彭迪克（Mary Poppendieck）、肯·施瓦博（Ken Schwaber）、罗伯特·C.马丁（Robert C.Martin，作者）、麦克·比德尔（Mike Beedle）、吉姆·海史密斯（Jim Highsmith）[罗恩·克罗克（Ron Crocker）不在照片中]

　　最后，感谢培生出版社的所有工作人员，尤其是我的出版人朱莉·费法（Julie Phifer）。

作者简介

罗伯特·C. 马丁（"鲍勃大叔"）从 20 世纪 70 年代起就是一名程序员。他是 Clean Coders 网站的创始人，这个网站为软件开发者提供在线视频培训。他也是"鲍勃大叔咨询公司"（Uncle Bob Consulting LLC）的创始人，这家公司为世界各地的大企业提供软件咨询、培训和技能发展服务。他曾是"第八盏灯公司"（8th Light Inc.）的软件匠艺大师，这家软件咨询公司位于芝加哥。

马丁先生在各种行业期刊发表过数十篇文章，并经常在各种国际会议和行业会议上做演讲。他在 Clean Coders 网站上发布的一系列教学视频广受好评。马丁先生撰写和编辑过多部专著，包括：

- *Designing Object-Oriented C++ Applications Using the Booch Method*
- *Patterns Languages of Program Design 3*
- *More C++ Gems*
- *Extreme Programming in Practice*[1]

---

1 中译本书名为《极限编程实践》。——编者注

2　作者简介

- *Agile Software Development: Principles, Patterns, and Practices*[1]
- *UML for Java Programmers*
- *Clean Code*[2]
- *The Clean Coder*[3]
- *Clean Architecture*[4]
- *Clean Agile*[5]

作为软件开发行业的领袖，马丁先生曾有 3 年时间在 *C++ Report* 杂志担任总编。他也是敏捷联盟（Agile Alliance）的第一任主席。

---

1 中译本书名为《敏捷软件开发：原则、模式与实践》。——编者注
2 中译本书名为《代码整洁之道》。——编者注
3 中译本书名为《代码整洁之道：程序员的职业素养》。——编者注
4 中译本书名为《架构整洁之道》。——编者注
5 本书为其中译本。——编者注

资源与支持

本书由异步社区出品，社区（https://www.epubit.com/）为您提供相关资源和后续服务。

提交勘误

作者和编辑尽最大努力来确保书中内容的准确性，但难免会存在疏漏。欢迎您将发现的问题反馈给我们，帮助我们提升图书的质量。

当您发现错误时，请登录异步社区，按书名搜索，进入本书页面，点击"提交勘误"，输入勘误信息，点击"提交"按钮即可。本书的作者和编辑会对您提交的勘误进行审核，确认并接受后，您将获赠异步社区的 100 积分。积分可用于在异步社区兑换优惠券、样书或奖品。

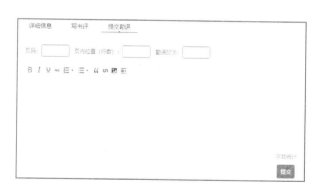

扫码关注本书

扫描下方二维码，您将会在异步社区微信服务号中看到本书信息及相关的服务提示。

与我们联系

我们的联系邮箱是 contact@epubit.com.cn。

如果您对本书有任何疑问或建议,请您发邮件给我们,并请在邮件标题中注明本书书名,以便我们更高效地做出反馈。

如果您有兴趣出版图书、录制教学视频,或者参与图书翻译、技术审校等工作,可以发邮件给我们;有意出版图书的作者也可以到异步社区在线投稿(直接访问 www.epubit.com/selfpublish/submission 即可)。

如果您来自学校、培训机构或企业,想批量购买本书或异步社区出版的其他图书,也可以发邮件给我们。

如果您在网上发现有针对异步社区出品图书的各种形式的盗版行为,包括对图书全部或部分内容的非授权传播,请您将怀疑有侵权行为的链接发邮件给我们。您的这一举动是对作者权益的保护,也是我们持续为您提供有价值的内容的动力之源。

关于异步社区和异步图书

"异步社区"是人民邮电出版社旗下 IT 专业图书社区,致力于出版精品 IT 技术图书和相关学习产品,为作译者提供优质出版服务。异步社区创办于 2015 年 8 月,提供大量精品 IT 技术图书和电子书,以及高品质技术文章和视频课程。更多详情请访问异步社区官网 https://www.epubit.com。

"异步图书"是由异步社区编辑团队策划出版的精品 IT 专业图书的品牌,依托于人民邮电出版社近 30 年的计算机图书出版积累和专业编辑团队,相关图书在封面上印有异步图书的LOGO。异步图书的出版领域包括软件开发、大数据、AI、测试、前端、网络技术等。

异步社区

微信服务号

目录

第 1 章

介绍敏捷

2001 年 2 月，17 位软件专家在犹他州的雪鸟镇聚会，讨论软件开发糟糕的现状。当时，大多数软件都是使用低效的、重量级的、高度仪式化的过程创建的，比如瀑布方法，填充了太多繁文缛节的 Rational 统一过程（Rational Unified Process，RUP）。这 17 位专家的目标是打造一份宣言，介绍一种更有效、更轻量的方法。

这很不容易。这 17 人经验各异，观点互歧。这样一个团体达成共识的可能性很低。然而，与会者还是排除万难达成了共识，共同编写了《敏捷宣言》，并由此催生了软件领域最强有力、最持久的运动之一。

软件领域运动的发展有规可循。一开始有极少数狂热的支持者和极少数狂热的批评者，其他绝大多数人并不关注。许多运动在这个阶段烟消云散，或者止步不前停留在这个阶段，面向方面的编程（Aspect-Oriented Programming，AOP）、逻辑编程、CRC 卡概同此类。有些运动则跨越了鸿沟，变得格外流行且备受争议。有些运动甚至摆脱争议成为主流。面向对象（Object Orientation，OO）就是后者的一个例子。敏捷也是如此。

但是，一旦运动流行起来，其面目就会因误解和篡改而变得模糊，原本与其无关的产品和方法也会借用其名来收割知名度和关注度。敏捷也是如此。

在雪鸟会议发生近 20 年后所写的这本书，目的就是要正本清源。本书试图尽可能务实地阐述敏捷，避免各种废话和模棱两可的术语。

本书将呈现敏捷之根本。许多人对这些思想进行了润色和扩展，这没有什么不对的。然而，这些扩展和修饰并不是敏捷，而是在敏捷之上添加的其他东西。你将在本书中看到：敏捷现在是什么样，敏捷过去曾经是什么样，敏捷永远不变的内涵是什么。

1.1 敏捷的历史

敏捷是什么时候开始的？或许早在 5 万多年前，人类第一次决定为了一个共同目标进行协作的时候，就有了敏捷最初的雏形。"选择小的中间目标，并在每个目标之后确认进展"，这样的想法太直白、太符合人性，以至于完全不被认为是一场革命。

在现代工业领域，敏捷又是从什么时候开始的？这很难说。我猜想世界上第一台蒸汽机、第一台磨坊、第一台内燃机和第一架飞机都是采用我们现在称之为"敏捷"的技巧制造出来的。因为相比于其他方法而言，采取可度量的小步前进，是十分自然且符合人性的。

那么在软件行业，敏捷又是从什么时候开始的？我真希望当阿兰·图灵（Alan Turing）在 1936 年写他的论文[1]时，我是他工作间墙上的一只苍蝇。我猜测，他在那本书中写的许多"程序"都是一小步一小步开发出来的，并且经过了大量的手工核查。我还猜测，在 1946 年他为自动计算引擎编写的第一份代码也是分小步编写的，并且也做了大量的手工检查，甚至还做了一些真正的测试。

我们现在称为"敏捷"的做法，在早期的软件开发中随处可见。例如，为水星太空舱编写控制软件的程序员们以半天为单位编程，每两个半天之间穿插单元测试。

关于这一时期，其他地方也有很多记载。克雷格·拉曼（Craig Larman）和维克·巴西里（Vic Basili）在沃德·坎宁安的维基[2]上、在拉曼的书《敏捷迭代开发：管理者指南》[3]

---

1 图灵 1936 年发表的《论可计算数及其在可判定性问题上的应用》（Tuing, A. M. 1936. On computable numbers, with an application to the Entscheidungs problem [proof]. *Proceedings of the London Mathematical Society*, 2(1937), 42(1):230-265）。理解这篇论文的最好方法是阅读查尔斯·佩佐尔德（Charles Petzold）的杰作《图灵的秘密：他的生平、思想及论文解读》（Petzold, C. 2008. *The Annotated Turing: A Guided Tour through Alan Turing's Historic Paper on Computability and the Turing Machine*. Indianapolis, IN:Wiley）。

2 沃德的维基是第一个出现在互联网上的维基站点，是维基这种网站形式的始祖。祝它长盛不衰。

3 Larman, C. 2004. *Agile Iterative Development: A Manager's Guide*. Boston, MA: Addison-Wesley. （编者注：中译本书名为《敏捷迭代开发：管理者指南》。）

中，分别都谈到了这段历史。

但敏捷并不是唯一的选项。事实上，在制造业和整个工业界，有另一种方法与之竞争并获得了相当大的成功，那就是科学管理。

科学管理是一种自上而下的、命令和控制式的方法。管理者使用科学化的技术来确定实现目标的最佳程序，然后指导所有下属严格按照计划执行。换句话说，先有大的前期规划，再有认真细致的实施。

科学管理可能与金字塔、巨石阵或任何其他伟大的古代作品一样古老，因为很难让人相信没有科学管理方法就能够创造出这样的作品。同样，"重复一个成功的流程"这个想法如此直白、如此符合人性，以至于不被认为是某种革命。

科学管理的名称来源于 19 世纪 80 年代弗雷德里克·温斯洛·泰勒（Frederick Winslow Taylor）的著作，泰勒将这种方法形式化和商业化，并以管理顾问的身份发家致富。这项技术非常成功，并在随后的几十年里促进了效率和生产率的大幅提高。

因此，在 20 世纪 70 年代，软件行业正处于这两种对立方法的十字路口。敏捷的前身（在被称为"敏捷"之前）采取了包含测量和改进的响应式小步伐，在有大致方向的随机行走中摸索前行，以获得良好的结果。科学管理则提倡推迟行动，直到经过彻底的分析并由此产生出一个详细的计划。敏捷的前身适用于变更成本较低的项目，用于解决定义不完全清晰、目标不够明确的问题。科学管理最适合于那些变更代价高昂的项目，用于解决定义清晰、目标明确的问题。

那么，软件项目是什么样的？是变更成本高昂、定义清晰、目标明确的呢，还是变更成本较低、定义不完全清晰、目标不够明确的？

不要过度解读上一段，这只是一个问题。但据我所知，没人问过这个问题。具有讽刺意味的是，我们在 20 世纪 70 年代选择的道路似乎更多的是出于偶然，而不是有意为之。

1970 年，温斯顿·罗伊斯（Winston Royce）写了一篇论文[1]，来阐明他对管理大型软件项目的想法。论文中有一张图（图 1-1）描述了他的方案。罗伊斯既不是这张图的创作者，也不主张把它作为一种方案。事实上，这张图是作为一个靶子而出现的，他在随后的几页论文中对之进行了批评。

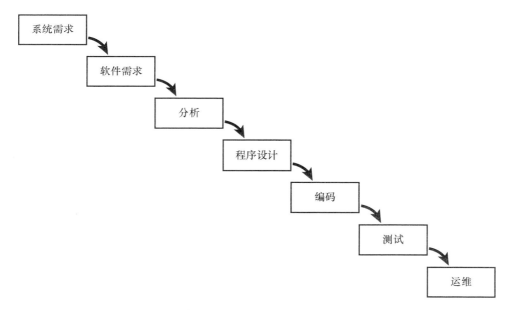

图 1-1 温斯顿·罗伊斯的图，启发了瀑布式开发

尽管如此，由于这张图的突出位置，以及人们倾向于从头两页的图上推断论文的内容，直接导致了软件行业的一场巨变。

---

1 Royce, W. W. 1970. Managing the development of large software systems. *Proceedings, IEEE WESCON*, August: 1-9.

罗伊斯最初的图看起来非常像水从层层叠叠的岩石上流下来，因此这项技术被称为"瀑布"。

从逻辑上，瀑布沿袭了科学管理。它所要做的就是首先做彻底的分析，然后制订详细的计划，最后执行该计划直至完成。

尽管罗伊斯并不推荐这种做法，但人们还是从他的论文中得到了瀑布的概念。在接下来的 30 年里，瀑布理念在软件业占据了主导地位。[1]

我的故事也开始于同一时期。1970 年，我 18 岁，在伊利诺伊州布拉夫湖一家名为 A.S.C. Tabulating 的公司做程序员。该公司有一台 16 KB 内存的 IBM 360/30、一台 64 KB 内存的 IBM 360/40 和一台 64 KB 内存的 Varian 620/f 微型计算机。我用 COBOL、PL/1、Fortran 和汇编语言为 360 机器编写程序，在 620/f 上则只使用了汇编语言。

有必要回想一下当年程序员是如何工作的。我们先用铅笔把代码写在编码表格上，然后用打孔机在卡片上打孔。我们把仔细检查过的卡片交给计算机操作员，他们在夜班时编译和测试，因为计算机在白天要忙于处理真正的工作。从最初的编写到第一次编译通常需要几天的时间，之后的每一轮修改通常都是一天。

620/f 对我来说有点不同。那台机器是我们团队专用的，所以我们可以 7×24 小时地使用它。我们每天可以得到 2 次、3 次甚至 4 次修改和测试的机会。与当时的大多数程序员不同，我所在的团队自己也会打字。因此，我们会自己打孔，而不是拱手交给神秘的打孔机操作人员。

---

1 值得注意的是，我对时间线的这个解释在 2012 年 Leanpub 出版的博萨维特的 *The Leprechauns of Software Engineering: How Folklore Turns into Fact and What to Do About It* 的第 7 章中受到了挑战。

那时候我们用了什么流程？当然不是瀑布。我们没有"遵循详细计划"的概念。我们只是日复一日地编码、编译、测试、修复 bug。这是一个没有结构而且无止境的循环。它也不是敏捷，甚至不是敏捷前身。我们工作的方式没有可遵循的规则，没有测试套件，也没有经过计划的工作节奏，只是日复一日、月复一月地编码和修复。

1972 年左右，我在一本行业期刊上第一次读到关于瀑布式开发的资料。对我来说这犹如天赐的礼物。我们真的可以预先分析问题，然后设计解决方案，最后实现这个设计？我们真的能根据这 3 个阶段制定计划吗？当我们完成分析时，我们真的会完成三分之一的项目吗？我感受到了这个概念的力量。我愿意相信它。因为如果这种做法确实有效，那就是梦想成真了。

很显然，我并不孤单，因为许多其他程序员和开发团队也面临同样的困境。正如我之前所说，瀑布开始主宰我们的思维方式。

虽然它占了主导地位，但它行不通。在接下来的 30 年里，我、我的同事还有全世界的程序员兄弟姐妹们一直在努力，试图使分析和设计正确。虽然每次我们认为我们抓到了正确的分析和设计，但一旦进入开发阶段，它又会从我们的指缝中溜走。在经理和客户的紧盯之下，不可避免的疯狂冲刺使前面几个月的精心计划都变得毫无意义，而这又导致交付期限严重延误。

尽管我们在无休止地失败，我们仍然坚持瀑布式思维。毕竟，这怎么可能失败？彻底分析问题，精心设计解决方案，然后实现这个设计——如此完美的构想怎么可能一次又一次地失败？难以置信[1]如此完美的策略会出问题，有问题的一定是我们自己。一定是我们什么地方做错了。

---

1 感兴趣的读者可以观看《公主新娘》（*The Princess Bride*）（1987）这部电影来听听如何以正确的语调念出"inconceivable"（难以置信）这个词。

透过当时使用的语汇，就可以看到我们被瀑布思想"统治"得有多深。1968 年艾兹格•迪杰斯特拉（Edsger Dijkstra）提出结构化编程时，结构化分析[1]和结构化设计[2]随之而来。到了 1988 年，当面向对象程序设计（Object-Oriented Programming，OOP）开始流行时，面向对象分析[3]和面向对象设计（Object-Oriented Design，OOD）[4]也随之而来。"分析–设计–编程"这个总是同时出现的三重奏完全束缚了我们的思想。我们完全没有去设想不同的工作方式。

然后，突然，我们可以想象新的方式了。

敏捷变革起始于 20 世纪 80 年代末或 90 年代初。20 世纪 80 年代在 Smalltalk 社区开始出现一些信号，在布奇（Grady Booch）于 1991 年出版的关于面向对象开发的书中也有迹象[5]。1991 年，库克伯恩（Alistair Cockburn）的"水晶方法"（Crystal Methods）中有了更清晰的呈现。受詹姆斯•科普林（James Coplien）一篇论文[6]的鼓舞，设计模式社区于 1994 年开始讨论它。

到 1995 年，比德尔（Beedle）[7]、德沃斯（Devos）、沙容（Sharon）、施瓦博（Schwaber）和萨瑟兰（Sutherland）[8]已经写下了他们关于 Scrum 的著名文章。水闸打开了。瀑布的堡垒被攻破了，再无回头之路。

此时我又一次进入了故事中。以下内容来自我的回忆，我也没有试图与其他参与者核

---

1 DeMarco, T. 1979. *Structured Analysis and System Specification.* Upper Saddle River, NJ: Yourdon Press.

2 Page-Jones, M. 1980. *The Practical Guide to Structured Systems Design.* Englewood Cliffs, NJ: Yourdon Press.

3 Coad, P., and E. Yourdon. 1990. *Object-Oriented Analysis.* Englewood Cliffs, NJ: Yourdon Press.

4 Booch, G. 1991. *Object Oriented Design with Applications.* Redwood City, CA: Benjamin-Cummings Publishing Co.

5 Booch, G. 1991. *Object Oriented Design with Applications.* Redwood City, CA: Benjamin-Cummings Publishing Co.

6 Coplien, J. O. 1995. A generative development-process pattern language. *Pattern Languages of Program Design.* Reading, MA: Addison-Wesley, p. 183.

7 麦克•比德尔（Mike Beedle）于 2018 年 3 月 23 日在芝加哥被一名精神失常的流浪汉谋杀了。这名凶手曾经被逮捕和释放过 99 次，这样的人本应该被送去收容所的。麦克•比德尔是我的朋友。

8 Beedle, M., M. Devos, Y. Sharon, K. Schwaber, and J. Sutherland. *SCRUM: An extension pattern language for hyperproductive software development.*

实，因此你可以认为这段往事中有不少遗漏，同时也有很多不足为凭或者说至少是非常不严谨的地方。但请不要惊慌，因为我至少试图让它带有一点娱乐性。

我第一次见到肯特·贝克是在 1994 年的 PLOP 会议[1]上，科普林的论文就发表在那次会议上。当时我们只是聊了聊，没什么成果可言。1999 年 2 月，我在慕尼黑的 OOP 会议上和他再次相遇。此时我已经对他有很多了解了。

当时，我是一名 C++和 OOD 的咨询师，到处飞来飞去帮助人们使用 OOD 技术来设计和实现 C++应用程序。我的客户开始咨询我流程方面的问题。他们曾经听说瀑布无法和面向对象结合在一起使用，他们想听听我的建议。我认为面向对象和瀑布可以结合使用[2]，并就这个想法给出了我自己的很多思考。我甚至考虑过撰写一套面向对象的流程。幸运的是，我很早就放弃了这项工作，因为我偶然发现了肯特·贝克关于极限编程（eXtreme Programming，XP）的著作。

极限编程读得越多，我就对它越着迷。这些想法是革命性的（至少我当时这么认为）。它们很有道理，特别是在面向对象的环境中（同样，这是我当时的想法），所以我渴望了解更多。

没想到，在慕尼黑的 OOP 会议上，我授课的教室与肯特·贝克的教室隔廊相望。我在休息时遇到他，我们共进午餐去讨论 XP。那顿午餐奠定了一段重要的合作伙伴关系。这次讨论之后，我又专程飞到他在俄勒冈州梅德福的家里，和他一起设计一门关于 XP 的课程。在那次拜访中，我第一次尝到了测试驱动开发（Test-Driven Development，TDD），从此深深着迷。

当时，我正在经营一家名为 Object Mentor 的公司。我们与肯特合作，提供了一个为期 5 天的 XP 新手训练营课程，我们称其为"沉浸式 XP"。从 1999 年年底至 2001 年 9 月 11 日[3]，这个课程大受欢迎！我们培训了数百人。

---

1 PLOP 是 20 世纪 90 年代在伊利诺伊大学附近举行的编程模式语言会议的简称。

2 这是一个奇怪的组合，但类似的讨论一次又一次地发生。并没有什么特别的原因使得面向对象不能与瀑布方法混用，但这种讨论就是会受到很多关注。

3 不要忽视这个日子的重要性。

2000 年夏天，肯特从 XP 社区和模式社区分别邀请了一批人，在他家附近组织了一次会议。他把这次会议称为"XP 领袖集会"。我们在罗格河上泛舟，又在河岸边徒步。这次聚会是要决定围绕 XP 我们要做什么。

一个想法是，围绕 XP 创建一个非营利组织。我很喜欢这个想法，但很多人不赞成。很显然，他们在围绕设计模式理念建立的类似机构中有过不愉快的经历。我沮丧地离开了会场，但是马丁·福勒跟着我出来，提议我们稍后在芝加哥面谈。我同意了。

于是在 2000 年秋天，马丁和我在他工作的 ThoughtWorks 公司附近的一家咖啡店见面。我提出了一个想法：让各种相互竞争的轻量级流程倡导者聚集在一起，形成一个统一的宣言。马丁就邀请人员名单提出了一些建议，我们合作撰写了邀请函。当天晚些时候，我发出了邀请函。主题是"轻量级过程峰会"。

受邀者之一是阿利斯泰尔·库克伯恩（Alistair Cockburn）。他打电话告诉我，他正打算召集一个类似的会议，但相比他计划的邀请名单，他更喜欢我们的名单。他提议，如果我们同意在盐湖城附近的雪鸟滑雪场举办这次会议，他可以把两份名单合并，并负责会议的筹备工作。

这样，雪鸟会议就被安排好了。

1.2　雪鸟会议

我很惊讶这么多人接受了邀请。我是说，谁真的想参加一个名为"轻量级过程峰会"的会议？但是我们都来了，聚集在雪鸟度假村的阿斯彭会议室里。

我们一共来了 17 个人。这 17 个人全都是中年白人男性，为此我们受到了批评——在一定程度上，这是个公正的批评。不过，至少有一位女性，阿格妮塔·雅各布森（Agneta Jacobson），受到了邀请，只是未能出席。毕竟，当时世界上绝大多数的资深程序员都是中年白人男性——至于这种情况是如何形成的，那就是另一个故事了，可以换个时间和场合再聊。这 17 个人代表了不同的观点，包括 5 种不同的轻量级过程。

人数最多的是 XP 团队，包括肯特·贝克、我本人、詹姆斯·格伦宁、沃德·坎宁安和罗恩·杰弗里斯。接下来是 Scrum 团队：肯·施瓦博、麦克·比德尔和杰夫·萨瑟兰。琼·科恩代表着特性驱动开发（Feature-Driven Development，FDD），而阿里·范·本内昆代表着动态系统开发方法（Dynamic Systems Development Method，DSDM）。最后，阿利斯泰尔·库克伯恩代表着他的一系列水晶方法（Crystal）。

其余的人则相对独立。安迪·亨特（Andy Hunt）和戴夫·托马斯是"务实程序员"组合（pragmatic programmers）。布莱恩·马利克是测试顾问。吉姆·海史密斯是软件管理顾问。史蒂夫·梅洛在那儿是为了让我们保持诚实，因为他代表的是模型驱动（Model-Driven）的哲学，从这个哲学来看，我们许多人的方法都很可疑。最后是马丁·福勒，尽管他与 XP 团队有着密切的个人联系，他对任何一种成名的过程都持怀疑态度，又对所有的方法都表示理解。

我记不太清两天会议的全部细节。其他人的记忆与我的回忆可能会有所不同。[1] 因此，我只告诉你我记得的事，而且我建议你将其当作一个 65 岁的老人家对近 20 年前的追忆。我可能会错过一点细节，但大意应该是对的。

不知何故，大家同意由我来宣布会议开始。我先对大家的到来表示感谢，并提议我们

---

1 最近在《大西洋月刊》（*The Atlantic*）上发表了由卡罗林·明布斯·奈斯（Caroline Mimbs Nyce）写的关于该事件的历史（Mimbs Nyce, C. 2017. The winter getaway that turned the software world upside down. *The Atlantic*. Dec 8）。在撰写本书时，我尚未阅读它，因为我不希望它影响我在这里写的回忆。

的任务应该是共创一份宣言，以描述我们认为的所有轻量级过程和软件开发的共同点。说完后我就坐下了。我相信这是我对会议的唯一贡献。

我们按规矩行事：将问题写在卡片上，然后将地板上的卡片归类分组。我不记得效果如何，只记得那样做了。

我不记得那桩奇事是在第一天还是第二天发生的了。依稀记得是第一天快要结束的时候，归类分组时 4 个价值观凸显了出来，分别是"个人和互动""可工作的软件""客户合作""响应变化"。有人在房间前面的白板上写下这些内容，随之而来的是一个绝妙的想法：这些价值观不会替代过程、工具、文档、合同和计划，更像是它们的有益补充。

这就是《敏捷宣言》的中心思想。没有人清楚记得是谁第一个在白板上写出这些字。我似乎记得是沃德·坎宁安，但是沃德认为是马丁·福勒。

看看敏捷宣言官方网站上那张照片就可以看到当时的情景。沃德说是他拍了这张照片来记录那一刻。照片清晰地展示了马丁站在白板前，其他人围绕在四周。[1] 这张照片印证了沃德的说法：是马丁提出了这个点子。

从另一方面来说，也许最好永远不知道谁是提议者。

奇迹一旦发生，整个团队就聚合起来了。我们随后对文字做了精炼，并做了反复调整和优化。我记得，是沃德撰写了序言："我们一直在实践中探寻更好的软件开发方法，身体力行的同时也帮助他人。"其他人做出了微小的改动和建议，但是很明显，我们已经完

---

1 那张照片显示，从左到右，在马丁周围的半个圆圈中，有戴夫·托马斯、安迪·亨特（或者可能是琼·科恩）、我（可以从皮带上的莱泽曼军刀和蓝色牛仔裤分辨出来）、吉姆·海史密斯、某人、罗恩·杰弗里斯和詹姆斯·格林宁。罗恩后面坐着一个人，他脚边的地板上似乎有一张归类分组时使用的卡片。

成了。房间里有接近尾声的感觉。没有分歧，没有争论，甚至没有任何关于替代方案的实质讨论，那 4 行字就这样形成了。

- **个体和互动**高于流程和工具；
- **可工作的软件**高于详尽的文档；
- **客户合作**高于合同谈判；
- **响应变化**高于遵循计划。

我有说过我们完成了吗？当时的感觉像是已经完成了。当然，其中还有很多细节需要弄清楚。例如，我们刚刚确定的东西，应该叫什么？

"敏捷"这个名字不是一锤定音的，它还有许多竞争者。我喜欢"轻量级"一词，但其他人都不喜欢，他们认为这个词隐含着"无关紧要"的意思。还有人喜欢"适应性"一词。"敏捷"一词也有人提及，而且有人评论说，这是当时军事上的热门词汇。到最后，尽管没有人特别热衷"敏捷"一词，但这已经是一堆糟糕的选项中的最佳选择了。

第二天快要结束的时候，沃德自告奋勇搭建了敏捷宣言官方网站。我相信，让人们签名是他的主意。

雪鸟会议之后

接下来的两周则不如在雪鸟镇的两天浪漫而又高潮迭起。时间都花在斟酌和撰写敏捷原则文档上了。最终，沃德把这篇文档也添加到了官方网站。

编写"敏捷原则"这份文档，我们都认为很有必要，以便能够解释和指导那 4 个价值

观。毕竟，任何人都可以宣称自己支持那 4 个价值观的声明，而不对自己的工作方式做任
何实际的改变。而这份文档中列举的原则清楚地表明，那 4 个价值除显而易见的重要性之
外，还会有实质性的影响。

我对于这段时间的记忆已经模糊，只记得我们通过邮件来回反复推敲斟酌这些原
则的词句。这是一项艰巨的任务，但我认为所有人都感到值得为此付出努力。完成这
项任务后，我们都回到了正常的工作和生活。在我看来，我们大多数人都认为故事将
就此结束。

我们谁也没有想到，支持的呼声潮涌而来。我们谁都没有预料到这两天的会议会造成
怎样的影响。为了避免因为身在其中而自我膨胀，我不断提醒自己：当时阿利斯泰尔也曾
打算召集类似的会议。这也让我很好奇，当时还有多少人也正在考虑做类似的事。因此，
我满足于这样一个想法：时机已经成熟，即便我们 17 个人没有在犹他州的山上聚会，另
外一群人也会在某地集会，并且得出类似的结论。

1.3　敏捷全貌

你会如何管理软件项目呢？多年来已经有了很多方法，其中大多数都非常糟糕。一些
管理者相信是神在掌控软件项目的命运，他们习惯于许愿和祈祷。而那些没有这种信仰的
人通常会后退到激励技巧上，他们通过鞭子、铁链、沸油等来强行规定完成日期，并会祭
出人们在攀岩或海鸥飞越海洋的照片来鼓舞士气。

这些方法几乎都导致了软件管理不善的典型症状：即使大量加班，开发团队却还总是
延期。团队生产出的产品明显质量很低，无法满足客户的需求。

1.3.1 铁十字

这些管理方法之所以如此失败，是因为使用它们的管理人员不理解软件项目的基本原理。这一原理被称为项目管理的铁十字，约束着所有项目必须做出权衡，无法突破。质量、速度、成本、完成，你只能任选 3 个，没法 4 个全要。可以要求高质量、快速、低成本，这样的话项目就做不完。也可以要求低成本、快速地完成项目，那样的话质量一定不会好。

现实情况是，优秀的项目经理理解这 4 个属性是共同作用的。优秀的经理会推动一个项目变得足够高质量、快速、低成本，尽量按需完成。优秀的经理要综合管理各个属性，而不是要求每一个属性都做到是 100%。敏捷正是要努力实现这种管理。

此时，我想确保你已经了解：敏捷是一个框架，它可以帮助开发人员和管理人员进行务实的项目管理。但是，这种管理不是自动的，并不能保证经理会做出恰当的决策。实际上，即使在敏捷框架内，也完全有可能错误地管理项目并将其推向失败。

1.3.2 墙上的图

那么敏捷如何为这种管理提供支撑呢？敏捷能提供数据。敏捷开发团队能提供管理人员所需的各种数据，供管理人员做出正确决策。

看一下图 1-2。想象一下它挂在项目房间的墙上。这不是很好吗？

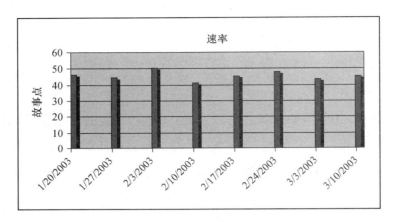

图 1-2 团队的速率

这张图展示了开发团队每周完成的工作量，度量单位是"故事点数"——稍后我们将讨论"故事点数"是什么。但就算不知道故事点数是什么意思，只要看看那张图，任何人都可以一目了然看出团队前进的速度。不用 10 秒就可以看出：团队的平均速率约为每周 45 个故事点。

任何人，甚至是经理，都可以预测出团队下星期将完成约 45 个故事点。在接下来的 10 周中，他们应该能完成大约 450 个故事点。这就是信息的力量！如果经理和团队都清楚项目总共包含多少个故事点、还剩下多少个故事点，这样的信息呈现就会尤为有力。实际上，优秀的敏捷团队会从墙上的另一张图中获得相关的信息。

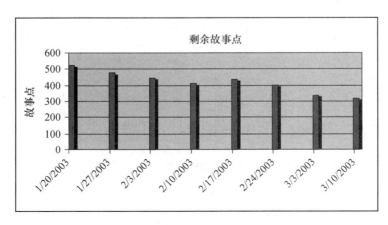

图 1-3 燃尽图

　　图 1-3 称为燃尽图。它显示了在下一个主要里程碑之前还剩下多少故事点。注意观察它是如何每周下降的。你会发现，它的下降幅度小于速率图中的故事点数。发生这种情况的背景是因为开发过程中会不断发现新需求和新问题。

　　注意看，燃尽图的斜率可以预测大致何时能到达里程碑。无论谁走进会议室，看看这两张图，都能得出结论：以每周 45 个故事点的速率，团队将在 6 月达成里程碑。

　　还可以看到，燃尽图上有一个明显的异常点。2 月 17 日这一周，项目剩余故事点数不仅没有下降、反而略有上升。这可能是由于增加了新功能，或者需求发生了重大变更，也可能是由于开发人员重新估算了剩余工作。无论哪种情况，我们都想知道故事点数变化对日程的影响，以便可以恰当地管理项目。

　　获得这两张图，是敏捷的一个关键目标。敏捷软件开发的动机之一就是提供管理者所需的数据，以决定如何调整铁十字的系数，并推动项目达到最佳结果。

　　许多人也许不同意上一段话。毕竟，《敏捷宣言》中没有提到这些图，敏捷团队也并不都会使用这些图。而且，公平地说，实际上图并不是那么重要。重要的是数据。

　　敏捷开发首先是一种反馈驱动的方法。通过查看前一周、前一天、前一小时、前一分钟的结果，进行适当的调整，来驱动每周、每天、每小时甚至每分钟的行动。这适用于单个程序员，也适用于整个团队的管理。没有数据，就无法管理项目。[1]

1　这与约翰·博伊德（John Boyd）的 OODA 循环密切相关。Boyd, J. R. 1987. *A Discourse on Winning and Losing.* Maxwell Air Force Base, AL: Air University Library, Document No. M-U 43947.

因此，即便没有将这两张图挂在墙上，也要确保将数据放在经理面前。确保经理知道团队的速率以及剩余工作量，并以透明、公开和明显的方式展示此信息——例如将两个图表挂在墙上。

但是，为什么这些数据如此重要？没有这些数据，是否可以有效地管理项目？我们尝试了 30 年。下面就是来龙去脉。

1.3.3 你知道的第一件事

关于项目你所了解的第一件事是什么？在你知道项目名称或任何需求之前，会先有一个数据早于所有其他数据出现，那就是交付日期。交付日期一旦选定就将被冻结。谈判交付日期没有意义，因为交付日期的选择是出于重要的商业理由。如果交付日期定在 9 月，那是因为 9 月有一个贸易展览会，或者 9 月有一个股东大会，或者我们的资金将在 9 月用完。无论是什么原因，都是一个重要的商业原因，并且不会因为某些开发人员认为他们无法达成而改变。

同时，需求千变万化，永远无法冻结。这是因为客户并不真正知道他们想要什么。他们知道要解决什么问题，但是将其翻译为系统需求绝非易事。因此，必须不断地重新评估、重新思考需求，添加新特性，删除旧特性。用户界面即使不是每天变，也至少每周都在变。

这就是软件开发团队的世界。在这个世界里，日期是被冻结的，而需求却在不断变化。在此情况下，开发团队必须以某种方式推动项目取得良好成果。

1.3.4 会议

瀑布模型许诺给我们提供解决问题的途径。要充分理解这个模型有多么诱人、多么无效，我需要带您参加会议。

这一天是 5 月 1 日。大老板叫我们大家进会议室。

"我们有一个新项目",大老板说,"必须在 11 月 1 日完成。我们还没有任何需求。我们将在接下来的几周内提供需求给你们。"

"现在,你要花多长时间进行分析?"

我们互相用余光瞟对方。没有人愿意说话。你要怎么回答这样的问题?我们其中一位小声嘟囔:"但是我们还没拿到任何需求。"

"假装拿到了!"大老板大声喊道,"这种事你懂的。你们都是专家。我不需要确切的日期,只需要能安排日程。记住,如果需求分析花费超过 2 个月的时间,我们就可能做不了这个项目。"

"2 个月?"某人脱口而出。而大老板立刻对此表示肯定:"好!我也是这么想的。现在,你们要花多长时间进行设计?"

惊讶的沉默再次充满了整个房间。你开始计算,然后意识到今天距离 11 月 1 日还有 6 个月的时间。结论很明显。"2 个月?"你说。

"刚刚好!"大老板笑容满面,"和我想的一样。那咱们还剩 2 个月实施。谢谢你们参加我的会议。"

许多读者都去过那个会议。没参加过的人,你们运气不错。

1.3.5　分析阶段

于是我们所有人都离开会议室回到办公室。现在做什么?这是分析阶段的开始,因此我们必须进行分析。但究竟什么才是分析呢?

如果你阅读有关软件分析的书籍就会发现：有多少个作者写这些书，就有多少种对"分析"的定义。关于什么是分析，业界尚无真正的共识。它可以是开展需求架构分解工作，可以是对需求的发现和细化，可以是创建基础数据模型或对象模型，凡此种种。最棒的定义是：分析师在做的事，就是分析。

当然，有些事情是显而易见的。我们应该确定项目的规模，并进行基本的可行性和人力资源预测。我们应该确保时间表是可以达成的。起码这能满足业务期望。无论所谓的分析是什么，这就是我们接下来 2 个月将要做的事情。

这是项目的蜜月阶段。每个人都愉快地上网冲浪、处理一些日常事务、与客户见面、与用户见面、绘制漂亮的图表，总的来说很开心。

然后在 7 月 1 日，奇迹发生了。我们已经完成了分析。

我们为什么完成了分析？因为 7 月 1 日到了。时间表说我们应该在 7 月 1 日完成，所以我们就在 7 月 1 日完成了。为什么要推迟？

于是我们举行了一个小派对，用气球和演讲来庆祝我们迈过了该阶段的大门，进入了设计阶段。

1.3.6　设计阶段

那现在做什么呢？我们当然正在设计。但什么是设计？

对于软件设计，我们了解得更清楚一些。在软件设计中，我们将项目分为多个模块，并设计这些模块之间的接口。我们还会考虑需要多少团队，以及这些团队之间应该如何协同工作。总的来说，我们需要完善时间表，以制定出切实可行的实施计划。

当然，这个阶段中会有意外发生。有新功能需要添加，有旧功能需要去除或变更。我们很想回头去重新分析这些变更，但是时间太短。于是我们直接将这些更改硬塞到设计中。

然后另一个奇迹发生了。我们在 9 月 1 日完成了设计。我们为什么完成了设计？因为 9 月 1 日到了，时间表说我们应该完成任务，所以为什么要推迟？

于是又办了一个派对。派对上也有气球和演讲。然后，我们迈过设计阶段的大门，进入实施阶段。

要是能再这么来一次就好了。要是这次我们还能口头宣布完成实施就好了。但是我们不能，因为实施这事儿是要实打实干出来的。分析和设计不是二进制交付物，它们没有明确的完成标准。没有方法知道你确实完成了这些工作，所以只要时间到了，我们就可以宣布完成。

1.3.7　实施阶段

然而，实施具有明确的完成标准。无法假装实施已经完成。

在实施阶段，我们的工作来不得半点含糊。我们正在编码，而且我们最好像发疯一般拼命编码，因为我们已经为这个项目浪费了 4 个月的时间。

同时，需求仍在变化。有新功能需要添加，有旧功能需要去除或变更。我们很想回头去重新分析和重新设计这些变更，但时间只剩下几周了。于是我们只好拼命地塞、塞、塞，把所有变更都硬塞到代码中。

把拼命写出来的代码与设计一对比，我们意识到：在设计时我们肯定是喝了迷魂汤，因为那些漂亮的图用代码根本实现不出来。但是我们没有时间担心这个,时钟在滴答作响,加班越来越多。

然后,大约在 10 月 15 日,有人说:"嘿,今天几号了?什么时候要完成?"那一刻我们意识到只剩下两个星期了,我们绝对没法在 11 月 1 日前完成工作。这也是利益相关者第一次听说项目可能有点小问题。

可以想象一下利益相关者的焦虑。"你们不能在分析阶段告诉我们吗?那时你们不是在确定项目规模并论证时间表的可行性吗?你们不能在设计阶段告诉我们吗?那时你们不是在将设计分解成模块、将模块分配给团队、预测人力资源吗?你们为什么在截止日期前两周才告诉我们?"

他们说得对,不是吗?

1.3.8 死亡行军阶段

现在我们进入了项目的死亡行军阶段。客户很生气。利益相关者很生气。压力山大。天天加班。员工辞职。一塌糊涂。

到 3 月的时候,我们交付了一些蹩脚的东西,大概能满足客户一半的要求。每个人都很苦恼。每个人都很沮丧。我们发誓以后再也不这样做项目了。下次我们会做对的!下次我们将进行更充分的分析和设计。

我将其称为失控的过程膨胀。我们将去做一些不起作用的事情,而且还越做越多。

1.3.9 夸张吗

显然这个故事有夸张的成分。它将各种软件项目中曾经发生的各种坏事都集中在一起。大多数瀑布项目并没有失败得那么严重，甚至还有些项目获得了少许成功——尽管运气成分很大。另外，我不止一次参加过这种会议，也不止一次参与了这样的项目，而我并非个例。这个故事可能有些夸张，但仍然很真实。

如果你要问我，有多少瀑布项目真的像上述项目一样惨烈，我不得不说相对较少——但是，绝不是没有，而且数量还很多。此外，绝大多数项目都面临类似的问题，只是程度轻重不同。

瀑布并不是绝对的灾难。它并没有将每个软件项目都压垮。但它仍然是一种灾难性的运行软件项目的方式。

1.3.10 更好的方式

瀑布这个想法最大的问题在于：它听上去特别有道理。我们首先分析问题，然后设计解决方案，接着按照设计实现。

简单。直接。明显。但却是错的。

敏捷方法与上述方法完全不同，不过听起来也同样有道理。实际上，当你读完此书，我想你会发现它比瀑布三阶段更有道理。

敏捷项目始于分析，但分析永远不会结束。在图 1-4 中，我们看到了整个项目。右边是结束日期，即 11 月 1 日。请记住，你首先知道的就是日期。我们将整个项目的时间切分为若干个固定长度的时间周期，这些周期被称作迭代或 Sprint。[1]

---

1 Sprint（短距离冲刺）是 Scrum 中的术语。我不喜欢这个词，因为它暗示着团队要尽可能快地往前跑。软件项目是一场马拉松比赛。在马拉松比赛中，你不会一开始就冲刺。

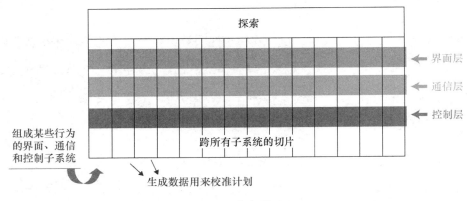

图 1-4 整个项目

迭代的周期通常为一到两个星期。我更倾向于一个星期，因为两个星期会出太多问题。有些人更喜欢两个星期，因为他们担心你在一星期内做不完。

1.3.11 迭代 0

第一次迭代（有时也称为迭代 0）用来创建简短的功能特性列表，那些功能特性称为故事（Story）。在以后的章节中，我们将深入讨论故事。现在，只要将其视为有待开发的功能特性就好。迭代 0 还用于设置开发环境、估算故事并制订初始计划——这份计划只是暂时地将故事分配给前几次迭代。最后，开发人员和架构师在迭代 0 中根据暂定的故事清单来构思系统的暂定初始设计。

这个编写故事、对其进行估算、做计划、做设计的过程是持续不断的。这就是为什么名为探索的横条贯穿了整个项目。项目从开始到结束的每一次迭代，都会包含分析、设计和实现。在敏捷项目中，我们一直在进行分析和设计。

有些人据此认为敏捷只是一系列的小瀑布。事实并非如此。每个迭代并非分为 3 段。分析不仅仅在迭代开始时进行，实现也不仅仅在迭代最后阶段进行。需求分析、架构、设计和实现持续贯穿在整个迭代过程中。

如果你感到困惑，请放心，在后面的章节中将对此进行更多介绍。请记住，迭代并不是敏捷项目中的最小粒度。在迭代之内还会有更多层次，在每个层次中都进行分析、设计和实现。就像"乌龟层层垒叠"。[1]

1.3.12　敏捷产出数据

迭代 1 开始时，我们首先要估计在这个迭代中完成多少故事。然后，团队在迭代过程中完成这些故事。稍后我们再讨论迭代过程中的情况。现在，你认为团队能把放入计划的故事全部完成的可能性有多大？

显然，几乎为零。因为软件开发不是一个能够可靠估计的过程。我们程序员根本不知道需要多长时间。这不是因为我们无能或懒惰，而是因为在参与和完成任务之前，根本没有办法知道任务的复杂程度。但是，我们很快就会看到，这不是什么大问题。

在迭代结束时，一部分排进计划的故事将会被完成。这给我们提供了首次度量，让我们了解一个迭代中可以完成多少。这是真实数据。如果我们假设每个迭代都是相似的，则可以根据该数据调整原始计划，并重新计算项目的结束日期（图 1-5）。

---

1 "乌龟层层垒叠"出自美国哲学家威廉·詹姆斯（William James）和一位老妇人的对话。老妇人告诉哲学家，地球是在一个巨大的乌龟背上的。哲学家接着问老妇人，那是什么支撑着这个乌龟呢？老妇人机智地回答，当然是另一个更大的乌龟。后人用"乌龟层层垒叠"来形容一个无限循环。——译者注

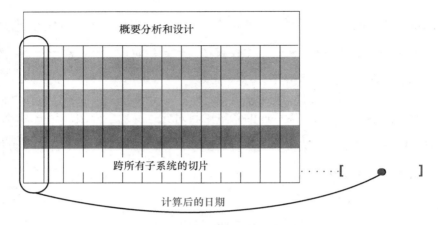

图 1-5 计算新的结束日期

这次计算可能非常令人失望。一方面，几乎可以肯定，它将大大超出项目原定的结束日期；另一方面，这个新日期基于真实数据，因此不应被忽视。但因为目前我们只有单一的数据点，所以也不要太重视它：预测日期的误差范围非常大。

为了缩小误差范围，我们应该再进行两到三次迭代，从而获得更多关于"一个迭代中能完成多少故事"的数据。我们会发现该数字在每次迭代中都不同，但是平均来说会处于相对稳定的速率。经过四到五次迭代后，我们就能更好地判断何时能完成项目（图 1-6）。

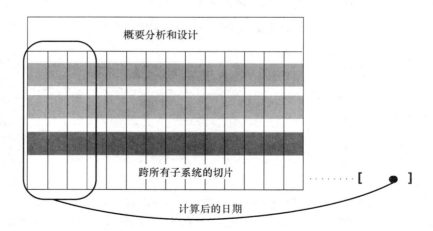

图 1-6 经过更多迭代，能更好地预测项目结束日期

随着迭代的进行，误差范围会不断缩小，预测不断清晰，人们逐渐发现：已经不必幻想在最初设定的项目结束日期之前成功交付了。

1.3.13　幻想与管理

戳破幻想是敏捷的主要目标之一。我们实践敏捷，正是为了在幻想杀死项目之前，先把幻想摧毁。

幻想是项目的杀手。幻想促使软件团队误导管理人员，使管理人员无法了解实际进展。当经理问一个团队"进展如何？"，是幻想在作答："相当好。"幻想是非常糟糕的软件项目管理方法。敏捷是一种尽早、持续泼冷水的方式，用骨感的现实来替代丰满的幻想。

有人认为敏捷就等于快。不是的。它从来就无关于快。敏捷就是要帮助我们尽早了解我们到底做得有多糟糕。我们想尽早知道这一点的原因是我们可以管理这种情况。你看，管理是管理者的工作。管理者通过收集数据来管理软件项目，然后根据这些数据做出最佳决策。敏捷产生数据，产生大量的数据。管理者们使用这些数据来推动项目达到尽可能好的结果。

"尽可能好的结果"往往不是最初期望的结果，它可能会使当初委托该项目的利益相关者感到非常失望。但是，按照字面意思，"尽可能好的结果"就是他们所能获得的最好结果。

1.3.14　管理铁十字

现在，我们回到项目管理的铁十字：质量、速度、成本、完成。有了项目产生的数据，项目的管理者们就要确定该项目在这 4 个方面的取舍程度了。

管理者通过变更范围、时间表、人员和质量来调整铁十字。

1．改变时间表

我们从时间表开始。我们问一下利益相关者，是否可以将项目从 11 月 1 日推迟到 3 月 1 日。这样的对话通常不会太顺利。记住，日期的选择是出于重要的商业理由。这些商业理由可能没有改变。因此，延迟通常意味着业务将遭受某种重大冲击。

另外，有时企业只是图方便而选择了一个项目终止日期。例如，也许在 11 月有一个贸易展览会，他们想在这个展览会上呈现该项目；也许 3 月份会有另一个贸易展览会，放在那儿也挺好。记住，目前还为时过早。我们只进行了项目最初的几次迭代。趁着利益相关者还没购买 11 月展会上的展位，我们想告诉他们：我们的交付日期将是 3 月。

许多年前，我带领一组软件开发人员为一家电话公司做项目。在项目进行过程中，我们发现最终的交付日期要比预期的交付日期晚 6 个月。我们尽可能早地去面对电话公司的高管。从来没有一个软件团队在这么早的时间告诉他们时间表将被延迟。他们站起来给了我们热烈的鼓掌。

这种事几乎不会发生，不过确实我们曾经见到过。仅此一次。

2．增加人手

通常，企业根本不愿意更改时间表。选择日期是出于重要的商业理由，而这些理由仍然成立。既然如此，我们尝试添加人手吧。每个人都知道，加一倍人员，我们就可以快一倍。

事实上，恰恰相反。布鲁克斯定律[1]指出：为延迟的项目增加人手反而会使它更加延迟。

1　Brooks, Jr., F. P. 1995 [1975]. *The Mythical Man-Month*. Reading, MA: Addison-Wesley. （编者注：中译本书名为《人月神话》。）

实际发生的情况更像图 1-7 中的那样。团队正在以一定的生产率进行工作。然后新人进来了。老人们不得不分散精力来帮助新人，生产率暴跌了几周。然后，但愿新人们开始变得足够聪明，能实际做出贡献。经理们赌的是整条曲线下的总面积将为净正值。必须有足够的时间和足够的生产率提升，来弥补最初的损失。

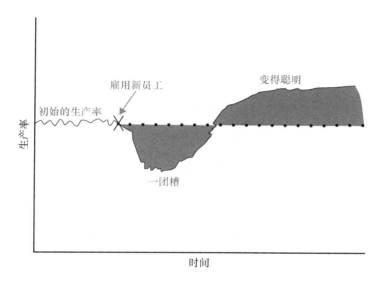

图 1-7　向团队中添加更多成员的实际效果

但增加人手的成本很高。通常预算不容许雇用新人。因此，为了便于讨论，我们假设不能增加人手。这意味着接下来要对质量下手了。

3．牺牲质量

每个人都知道，产出垃圾代码可以使开发速度更快。因此，停止编写所有测试，停止所有代码审查，停止所有无用的重构，只管拼命编码，只管编码。如有必要，每周编码 80 小时，但只管编码！

你肯定知道我要说什么：这样是徒劳的。产生垃圾代码不会使你走得更快，只会让你更慢。写了二三十年程序之后，这是你会学到的最重要一课。没有"快而脏"（quick and dirty）这样的事，逢脏必慢。

快速前进的唯一方法就是做扎实。

于是我们将质量旋钮调高至 11 档。如果想要缩短时间表，唯一的选择是提高质量。

4．调整范围

最后一件可以改变的事情。也许，只是也许，计划中的某些功能实际上并不需要在 11 月 1 日之前完成。让我们问一下利益相关者。

"利益相关者，如果你想要所有这些功能，那就要到 3 月。如果一定要在 11 月之前获得部分功能，那么必须去掉一些功能。"

"什么功能都不能去掉，我们必须获得全部功能！而且我们必须在 11 月 1 日之前获得它们。"

"啊，你可能没明白。如果你想要全部功能，我们就要到 3 月才能完成。"

"我们需要全部功能，而且在 11 月之前就要！"

这场小争论将持续一段时间，因为没有人愿意屈服。但是，尽管利益相关者在此争论中占据了道德制高点，但程序员拥有数据。在任何理性的组织中，数据都会取胜。

如果组织是理性的，那么利益相关者最终会屈服并开始仔细检查计划。他们会一个接一个地选出在 11 月之前并非绝对必要的功能。这很痛苦，但是理性的组织还有别的现实选择吗？于是计划进行了调整。一些功能被推迟实现。

1.3.15 业务价值排序

当然了，利益相关者不可避免地会找出我们已经实施的一项功能，然后说："实在很遗憾你做了那一个，但我们确实用不着这个功能。"

我们再也不想听到那种话了！因此，从现在起，在每次迭代开始时，我们将询问利益相关者接下来要实现哪些功能。是的，功能之间存在依赖关系，但我们是程序员，我们能够处理依赖关系。不管想什么办法，总之我们会按照利益相关者要求的顺序来实现功能。

1.3.16 全貌至此结束

你刚刚阅读的是从万米高空俯瞰的敏捷全貌。虽然丢失了许多细节，但要点都齐备了。敏捷是将项目切分为迭代的过程。敏捷团队要测量每次迭代的输出，并用测量数据持续地评估时间表。他们按照业务价值排序来实施功能，以便优先实施最有价值的东西。他们尽可能地保持高质量，并主要通过变更范围来管理时间表。

那就是敏捷。

1.4 生命之环

图 1-8 展示的是罗恩·杰弗里斯所作的描述极限编程实践的一幅图。这幅图被亲切地称为生命之环（Circle of Life）。

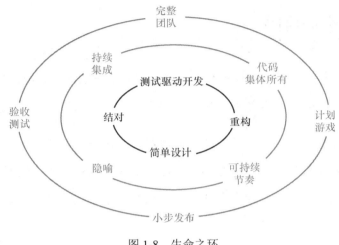

图 1-8 生命之环

我在这本书中选择极限编程的实践来讲解敏捷,因为在所有敏捷过程中,极限编程是定义得最好、最完整、最不混乱的。实际上,所有其他敏捷过程都是极限编程的子集或变体。这并不是说其他敏捷过程应该被忽略。事实上,你可能会发现它们对不同的项目各有价值。但是如果你想了解敏捷的真正含义,没有比学习极限编程更好的方法了。极限编程是敏捷本质核心的原型,也是最好的代表。

肯特·贝克是极限编程之父,而沃德·坎宁安是极限编程的祖父。他们两人在 20 世纪 80 年代中期一起在美国泰克科技公司(Tektronix)工作,探索了许多想法,这些想法最终成为极限编程。肯特后来将这些思想提炼成具体形式,大约在 1996 年形成极限编程。2000 年,肯特发表了关于极限编程的权威著作《解析极限编程:拥抱变化》。[1]

生命之环由 3 个圈组成。外圈显示了极限编程面向业务的实践。这个环实际上相当于

---

1 Beck, K. 2000. *Extreme Programming Explained: Embrace Change*. Boston, MA: Addison-Wesley. 这本书在 2005 年推出了第 2 版,但第 1 版是我的最爱,也是我认为最权威的版本。肯特也许不这么认为。

Scrum[1]流程。这些实践为软件开发团队与业务沟通的方式以及业务和开发团队管理项目的原则提供了框架。

- **计划游戏**（Planning Game）实践是这个圈的核心。它告诉我们如何将项目分解为特性、故事和任务。它为这些特性、故事和任务的评估、优先级排序和排期提供了指引。
- **小步发布**（Small Releases）指导团队以小块的方式开展工作。
- **验收测试**（Acceptance Tests）为特性、故事和任务提供"完成"的定义。它向团队展示了如何制定明确的完成标准。
- **完整团队**（Whole Team）传达了这样一个概念：软件开发团队由许多不同的职能人员组成，包括程序员、测试人员和管理人员，他们都朝着同一个目标一起工作。

位于生命之环中间的圈是面向团队的实践。这些实践提供了开发团队在团队内进行沟通和管理的框架和原则。

- **可持续节奏**（Sustainable Pace）的实践可以防止开发团队在完成任务之前过快地消耗资源和精力。
- **代码集体所有**（Collective Ownership）确保团队不会将项目分割成一堆知识孤岛。
- **持续集成**（Continuous Integration）使团队专注于频繁地进行反馈闭环，以随时了解他们目前的进展。
- **隐喻**（Metaphor）这种实践创造并传播关于待开发系统的词汇和语言，以便团队和业务部门进行交流使用。

1　或者至少是 Scrum 最初的构想。现在，Scrum 已经吸收了更多的极限编程的实践。

　　生命之环的最里面一圈是技术实践，用以指导和约束程序员，来确保得到最高的技术质量。

- **结对**（Pairing）实践使技术团队及时分享知识、及时审查和实时协作，推动团队不断创新并保持准确性。
- **简单设计**（Simple Design）是指导团队避免精力浪费的实践。
- **重构**（Refactoring）鼓励对所有工件进行持续的改进和完善。
- **测试驱动开发**（Test Driven Development）是技术团队在快速推进的同时得以保持最高质量的安全绳。

　　至少在以下方面，这些实践与《敏捷宣言》的目标非常一致。

- **个体和互动**高于流程和工具。
- 完整团队、隐喻、代码集体所有、结对、可持续节奏。
- **可工作的软件**高于详尽的文档。
- 验收测试、测试驱动开发、简单设计、重构、持续集成。
- **客户合作**高于合同谈判。
- 小步发布、计划游戏、验收测试、隐喻。
- **响应变化**高于遵循计划。
- 小步发布、计划游戏、可持续节奏、测试驱动开发、重构、验收测试。

　　但是，正如我们将在本书中看到的，极限编程的"生命之环"和《敏捷宣言》之间的联系，远比前面的简单模型更为深刻和微妙。

1.5 结论

所以这就是敏捷，敏捷就是这样开始的。敏捷是帮助小型软件团队管理小型项目的一个小型行为准则。但尽管它如此之小，敏捷的含义和影响却是巨大的，因为毕竟所有的大项目都是由许多小项目构成的。

随着时光流逝，软件越来越深地进入人们的日常生活中，影响着越来越多的人。说软件统治世界并不过分。如果软件统治世界，那么最能让软件开发者们做好软件的方法，非敏捷莫属。

第 2 章

敏捷的理由

在深入探讨敏捷开发的细节之前，我想解释一下这个问题的重要性。敏捷开发不仅对软件开发很重要，而且对我们的行业、我们的社会乃至我们的文明也很重要。

开发人员和管理人员经常出于肤浅的原因而对敏捷开发产生兴趣。他们之所以尝试敏捷，可能只是隐约觉得这样做是对的，或者轻信别人说的"敏捷可以承诺把项目做得又快又好"。这些理由不可靠、不清晰并且很容易被挫伤。许多人仅仅因为没有立即体验到他们期待的应有成果，就放弃了敏捷开发。

敏捷开发之所以重要，并不是因为这些虚无缥缈的理由，而是出于更深层的哲学和道德原因。这些原因事关软件从业者的专业性和客户的合理期望。

2.1   专业性

敏捷吸引我的第一要素是高度重视纪律而非形式。要把敏捷做对，你需要结对编程、测试先行、重构并致力于简单设计。你必须在短循环周期内工作，每个周期都产出可运行的软件。你必须定期且持续地与业务部门保持沟通。

回顾一下生命之环，把其中的每一项实践都看作一个承诺、一个保证，你就明白我的意思了。对我来说，敏捷开发就是承诺要拼尽全力——成为一名专业人士，并在整个软件开发行业中倡导专业的行为。

我们这个行业里的从业者亟须提高专业素养。我们做了太多失败的项目，交付了太多废品，接受了太多的缺陷，而且做出了可怕的妥协。有太多时候，我们表现得像刚拿到信用卡的浑小子。在软件还不那么复杂的年代里，这些行为还可以容忍，因为软件的影响还没有那么大。在 20 世纪 70 年代、80 年代甚至 90 年代，软件故障的成本虽然很高，但至少还算是有限的、可控的。

2.1.1 到处是软件

世界已经今非昔比。

现在，就坐在你现在的位置上，环视四周。你所在的房间有多少台电脑？

让我来数一遍。现在，我就坐在威斯康星州北部森林的夏季小屋里。在屋子里有多少台计算机？

- 4：我是在 4 核的 MacBook Pro 上写这些内容。我知道苹果会宣称这台设备是 8 核的，但我没把"虚拟"内核算在内。我也不会把 MacBook 中所有小型辅助处理器算在内。

- 1：我的 Apple Magic Mouse 2。我确定它有不止一个处理器，就算它一个好了。

- 1：我的 iPad 上运行着 Duet，用来作为第二台显示器。我知道 iPad 上还有许多其他的小处理器，也只算它一个好了。

- 1：我的车钥匙（！）。

- 3：我的苹果耳机 AirPods。每个听筒里都有一个，充电盒里有一个。可能还有更多，但是……

- 1：我的 iPhone。iPhone 中的实际处理器数量可能超过一打，但我只算它一个。

- 1：视野范围内的超声波动作探测器。（在房间里还有很多，不过我只看到了一个。）

- 1：恒温器。

- 1：安全面板。

- 1：平板电视。

- 1：DVD 播放器。

- 1：Roku 网络电视流媒体设备。

- 1：苹果的 AirPort Express。

- 1：Apple TV。
- 5：遥控器。
- 1：电话。（没错，是真的电话机。）
- 1：仿真壁炉。（你应该看看它所有的花哨模式！）
- 2：老式计算机控制的望远镜，Meade LX 200 EMC。驱动器中有一个处理器，手持式控制单元中还有一个处理器。
- 1：我口袋里的 U 盘。
- 1：Apple Pencil。

就在我所在的房间里，我数出了至少 30 台电脑。真实的数字可能还要翻倍，因为大多数设备都有多个处理器。不过我们就当是 30 台吧。

你数的数字是多少？我敢打赌，你们当中的绝大多数人会和我数的 30 接近。我甚至敢打赌，生活在西方社会的 13 亿人中的大多数，身边随时都有超过一打的计算机。这是全新的现象。在 20 世纪 90 年代早期，这个数字平均接近于 0。

这些就在我们身边的计算机有什么共同之处？它们都需要被编程。它们都需要我们编写的软件。那么，你觉得，这些软件的质量如何？

我们换一个角度来看这个问题。你的祖母每天与软件系统打几次交道？如果你的祖母还健在的话，这个数字很可能上千，因为在当今社会，如果不与软件系统交互，你什么都做不了。你不能：

- 打电话；
- 买卖任何东西；
- 使用微波炉、冰箱甚至烤面包机；
- 清洗或者烘干衣服；

- 洗盘子；

- 听音乐；

- 开车；

- 发起保险理赔；

- 把房间的温度调高；

- 看电视。

实际情况还要更糟。如今，如果不与软件打交道，我们整个社会都将瘫痪。立法、执法和司法都无法进行。政府政策无法开展研讨，飞机无法飞行，汽车无法驾驶，导弹无法发射，船只无法航行，道路无法铺设，粮食无法收割，钢铁厂无法炼钢，工厂无法制造汽车，糖果厂无法生产糖果，股票也无法交易……

没有软件，我们在这个社会什么都办不成。我们每个清醒的时刻都在被软件主宰，我们中许多人甚至使用软件来监控睡眠。

2.1.2 程序员统治世界

我们的社会已经完全依赖于软件。软件是使社会运转的生命之血。没有它，我们不可能享受到现在的文明。

谁在编写这些软件。是你和我。我们，程序员，统治着世界。

也有人认为是他们在统治着世界，他们不过是将自己制定的规则交给我们，然后由我们写出了实际运行在机器上的规则，这些规则监视和控制着现代生活的几乎所有活动。

我们，程序员，统治着世界。

并且我们做得相当糟糕。

在那些驱动各种事物运转的软件中，你认为有多少经过了充分的测试？多少程序员拥有测试套件，可以十分自信地证明自己编写的软件肯定能正常工作？

在你汽车内运行的数百万行代码是能工作的吗？你有发现过 bug 吗？我发现过。控制刹车、加速和转向的代码又如何呢？有 bug 吗？当你踩下刹车踏板时，汽车真的会停下来吗？有没有一个测试套件可以立即运行起来证明这件事？

有多少人因为汽车软件未能感知驾驶员脚踩刹车踏板的压力而丧生？我们不知道确切的数字，但答案是很多。在 2013 年的一个案例中，丰田支付了数百万美元的赔偿，因为它的软件包含"可能的位翻转、会导致故障保险失效的任务中止、内存损坏、单点故障、针对栈和缓冲区溢出的保护不足、单一故障限制区、[以及]数千个全局变量"，它们全都在"意大利面条式的代码"中。[1]

我们的软件正在杀人。我们进入这个行业的时候，可不是为了杀人来的。我们中的许多人之所以成为程序员，起初只不过是因为小时候写了一个在屏幕上不断打印自己名字的死循环，然后觉得那很酷。但现在，我们的行为正在危及别人的生命和财产。随着时间的流逝，越来越多的代码威胁到越来越多的财产和生命。

2.1.3　灾难

这件事，也许在你阅读这段话时还没发生，但这一天终将来临：某个差劲的程序员一时粗心大意，做出蠢事，导致成千上万人丧命。仔细考虑一下，不难想象出几种可能的场景。当这种事发生时，世界上的政治家们会义愤填膺地站起来（他们也应该这样做），用手指直直地指向我们。

---

1 Safety Research & Strategies Inc. 2013. Toyota unintended acceleration and the big bowl of "spaghetti" code [blog post]. November 7.

你可能以为那些手指是指向我们的老板或公司高管，但是当大众汽车北美区 CEO 在国会作证时，我们看到了当手指指向他时发生了什么。政客们问他，为什么大众公司在他们的汽车中安装了专门的软件，用来检测并欺骗加利福尼亚州使用的排放测试硬件。他回答说："就我所知，这并不是公司的决定。这是几个软件工程师不知道为什么加进去的。"[1]

于是，那些手指最终将指向我们，而且也应该如此。因为是我们的手指在键盘上完成的，我们缺乏纪律和不够小心是最终的原因。

正因为考虑到这一点，我对敏捷抱有很高的期望。过去和现在，我都对敏捷软件开发的纪律充满希望。在把计算机编程变成真正光荣职业的道路上，敏捷软件开发将是我们迈出的第一步。

2.2 合理的期望

下面列举的是管理者、用户和客户的期望。这些期望绝对合理。你会发现，当你读到这个期望列表时，你大脑的一侧会同意这里面每一条期望都十分合理，但是大脑的另一侧，作为程序员的一侧，则会有恐慌的反应。你脑中程序员的那一侧可能无法想象如何才能满足这些期望。

满足这些期望正是敏捷软件开发的主要目标之一。敏捷的原则与实践十分直接地应对了这个期望列表的大部分内容。优秀的首席技术官（CTO）应该期望员工表现出下列行为。为了帮助你加深印象，现在请把我当成你的 CTO。下面就是我对你的期望。

2.2.1 我们不会交付一堆垃圾！

我们居然还需要提这种期望，真是这个行业的不幸。但这就是事实。亲爱的读者们，我十分确定你们不止一次地让这个期望落空。我自己也有这样的时候。

---

1 O'Kane, S. 2015. Volkswagen America's CEO blames software engineers for emissions cheating scandal. *The Verge.* October 8.

为了理解问题的严重性,不妨想想因 32 位时钟回卷问题导致洛杉矶空管系统关闭的事件。同样的问题也可能导致波音 787 飞机上的发动机停机。还有因波音 737 MAX MCAS(机动特性增强系统)软件缺陷而导致数百人丧生的事件。

要不我讲讲我自己早年间在美国医保(Healthcare)网站的经历?像如今很多系统一样,在完成初次登录之后,网站要求设置一个安全问题,其中的一个问题是"一个值得纪念的日子"。我输入了"7/21/73",那是我的结婚纪念日。系统反馈说是无效输入。

我是一个程序员,我知道程序员是如何思考的。我又尝试了很多不同的时间格式:07/21/1973、07-21-1973、21 July,1973、07211973 等。全部都给我反馈了相同的结果——无效输入。真令人沮丧。这该死的东西到底需要什么样的时间格式?

这时,一个想法突然从我脑子里冒出来。写这段代码的程序员并不知道应该问哪些问题。他只是从数据库中拉取这些问题,然后把答案存储下来。这个程序员可能在代码中限制答案不允许包含特殊字符和数字。于是我输入"Wedding Anniversary"(结婚纪念日)。这个答案被接受了。

如果系统需要用户在输入数据的时候还得像程序员一样去思考期望的数据格式,那这个系统就是垃圾——我觉得这种说法一点儿都不为过。

关于这类垃圾代码的奇闻轶事,我可以讲一整节。但是其他人远比我做得好。如果你希望对这类问题有更清晰的认识,可以阅读戈杰科·阿契克(Gojko Adzic)的 *Humans vs. Computers*[1] 和马特·帕克(Matt Parker)的 *Humble Pi*[2]。

1　Adzic, G. 2017. *Humans vs. Computers*. London: Neuri Consulting LLP.

2　Parker, M. 2019. *Humble Pi: A Comedy of Maths Errors*. London: Penguin Random House UK.

经理、客户和用户绝对有理由期望我们提供质量高、缺陷少的系统。没人希望收到一堆垃圾，尤其是他们还为其花了大价钱的时候。

请注意，敏捷中强调测试、重构、简单设计以及用户反馈，就是为了避免交付糟糕的代码。

2.2.2　从技术上随时做好交付准备

客户和经理们最不希望的就是程序员们人为地延迟交付系统。然而，在软件团队中，这种人为延迟非常常见。造成这种延迟的一个常见原因是，团队尝试同时构建所有的功能，而不是优先构建最重要的特性。只要还有功能没完成开发、没完成测试或者没写完文档，系统就无法部署。

另一个人为延迟的原因是"稳定"的概念。团队经常需要专门留出一段时间来反复测试，观察系统是否有错误出现。只有看到若干天都没有错误出现，程序员才能放心地建议将系统部署上线。敏捷使用了简单的规则来解决这些问题：它要求系统在每个迭代结束的时候都应该是技术上可部署的——这意味着在开发人员看来，系统在技术上已经足够稳固、可以部署，代码整洁而且所有的测试通过。

这意味着在迭代中必须完成所有编码、所有测试、所有文档，在本迭代中实现的故事都应该是稳定的、可以部署上线的。

如果系统在每个迭代结束时在技术上已经准备好部署，那部署这件事就是一个业务决策，而非一个技术决策。业务部门可能因为功能过少而决定不部署，或者由于市场或培训的原因而决定延迟部署。不论如何，系统质量满足了部署的技术要求。

是否可能让系统每周或每两周都做到技术上可部署？当然可以。团队只需挑选一批足够小的故事，以便他们在迭代结束前能完成所有的部署准备任务。最好也能自动化地运行大部分的测试。

从业务和客户的角度，他们确实期望软件在技术上随时准备就绪。当业务人员看到一个功能运行时，他会期望这个功能已经完成。他们不会期望听到还需要一个月来完成 QA 稳定性测试，更不会期望这个功能只在演示时才能工作，因为进行演示的程序员跳过了所有不可用的部分。

2.2.3　稳定的生产率

你可能已经注意到：在一个全新项目的最初几个月里，开发团队往往可以快速推进。因为那个时候没有存量代码的负担，你可以在短时间内让大段代码运行起来。

但是，随着时间的推移，混乱开始在代码中累积。如果代码没有保持干净和有序，就阻碍团队前行。杂乱代码越多，阻碍越大，进展越慢。团队进展越慢，项目日程压力就更大，这又会带来更多的混乱。这个正反馈循环可以使团队趋于停滞。

管理者被这种减速迷惑，可能会决定往团队里加人，试图以此提高生产率。但是我们在上一章已经看到了，增加人力反而会拖慢团队好几周。

人们希望在几周之后，新人能够加快速度并帮助提高团队速率。但是谁在训练新人呢？是那些制造混乱的人。新人们肯定会效仿这种行为。

更糟糕的是，存量代码是更强大的"导师"。新员工将学习旧代码并推测该团队的工作方式，并继续进行那些制造杂乱的实践。因此，尽管增加了新员工，但生产率仍继续下降。

管理层可能会再尝试几次，因为在某些组织中，所谓"管理"就是重复相同的事情并期望得到不同的结果。但最后，事实再也无法抗拒：管理者所做的任何事情都无法阻止项目陷入停滞状态。

在绝望中，管理者询问开发人员如何做才能提高生产率。开发人员有一个答案。他们已经知道需要做什么。他们只是等着被问到。

开发人员回答："从头开始重新设计系统。"

想象一下管理者们听到这个回答时的恐慌。想象一下到目前为止已在该系统上投入的资金和时间。但是现在开发人员竟然建议将整个产品扔掉并从头开始重新设计！

当开发人员承诺，"这次将会不一样"，这些管理者会相信吗？当然不会。傻子才信。但是，他们有什么选择吗？生产力已经降到谷底，在这样的速率下，业务也无法维持。最后，经过多次的哀嚎和咬牙切齿之后，他们同意重新设计。

开发人员那边传来了欢呼声："哈利路亚！我们即将重回代码整洁的美好生活。"这当然不会发生。事实上，团队被一分为二。10 个最好的团队成员（也就是最开始生产混乱的人）被选中，组成"老虎队"并搬进了新房间。他们会带领其余人进入重新设计系统的黄金圣地。我们这些剩下的人十分讨厌这些家伙，因为现在我们就在维护旧垃圾代码而无法自拔。

老虎队从哪里得到需求呢？有实时保持更新的需求文档吗？有。正是旧代码。那些旧代码是唯一的文档，只有它能够精确地描述重新设计后的系统应该做什么。

现在，老虎队正在将旧代码翻个底朝天，尝试弄清楚代码在做什么，并思考新的设计应该是什么样。与此同时，团队的其他人也在修改旧代码，修复 bug，甚至增加新功能。

因此，我们在竞赛。老虎队正在尝试命中一个移动的靶心。而且，正如古希腊哲学家芝诺（Zeno）在"阿基里斯与龟"的故事[1]中所说，尝试追上一个移动的目标是非常具有挑战性的。每次老虎队到达旧系统原来的地方的时候，旧系统已经移动到了一个新的位置。

在芝诺的故事中，微积分会证明阿基里斯最终会超越乌龟。但在软件中这种计算经常无效。我曾经在一家公司工作，这家公司花了 10 年时间，还没能成功部署一套新系统。这家公司在 8 年前向客户承诺了一个新系统，但是新系统从来没有为客户提供足够的功能，旧系统总是比新系统做更多的事情。因此，客户拒绝采用新系统。

几年后，客户已然把新系统的承诺抛在了脑后。从他们的角度看来，新系统并不存在，也永远不会存在。

与此同时，公司正在为两个开发团队付费：老虎队，以及维护团队。最后，管理层大为沮丧，只好告诉客户，即便客户反对，他们还是要部署新系统。客户震怒，而开发人员们对老虎队成员（应该说，老虎队的残兵）更是怒气冲天。最初的开发人员都已晋升管理职务。现在的成员一致地站起来说："你不能交付这个垃圾。它需要重新设计。"

好吧，又是鲍勃大叔夸张的怪谈。故事是真实的，虽然我为了效果加了些许点缀，但故事背后的信息是完全真实的。大规模的重新设计极其昂贵，而且很少真正部署上线。

---

1 公元前 5 世纪，芝诺发表了著名的阿基里斯悖论，他提出让乌龟在阿基里斯前面 1000 米处开始和阿基里斯赛跑，并且假定阿基里斯的速度是乌龟的 10 倍。比赛开始后，若阿基里斯跑了 1000 米，设所用时间为 t，此时乌龟便领先他 100 米；当阿基里斯跑完接下来的 100 米时，他所用的时间为 $t/10$，乌龟仍然领先他 10 米；当阿基里斯跑完接下来的 10 米时，他所用的时间为 $t/100$，乌龟仍然领先他 1 米……芝诺认为，阿基里斯能够继续逼近乌龟，但绝不可能追上乌龟。——译者注

客户和经理们希望软件团队的开发速率不要逐渐降低。相反，对于在项目开始时花两周就能完成的功能，他们期望在项目进行一年之后，与其相似的功能仍然能够在两周内完成，这才是他们正常的期望。他们期望团队的生产率长期保持稳定。

开发人员对自己的要求不应该低于此。持续地将架构、设计以及代码保持在尽可能干净的状态，开发团队可以保持高生产率，并防止陷入生产率下降、重新设计的悲惨旋涡。

我们即将看到，测试、结对编程、重构和简单设计等敏捷实践是跳出旋涡的技术关键。计划游戏能令搅动旋涡的日程压力得到缓解。

2.2.4　划算的适应性

软件（software）是一个组合词。"软"（soft）的意思是容易修改，"件"（ware）的意思是产品。因此，软件就是"容易修改的产品"。我们之所以发明软件，就是想要一种快速而且简单的方法来改变机器的行为。如果希望它的行为很难被改变，那可能我们就把它起名为硬件（hardware）了。

开发团队经常抱怨需求变更。我经常能听到类似说法："这个需求变更完全不符合我们的架构。"我有一些事情要告诉你，小子：如果需求变更破坏了你的软件架构，那说明你的架构太糟糕了。

我们开发人员应该歌颂需求变更，因为这才是我们存在的原因。软件开发这个游戏的名字就叫"需求变更"。有了这些变更，我们的事业和薪水全拜变更所赐。接受和实现变更，让变更成本相对划算，这种能力是我们的工作之本。

一定程度上来说，一个团队的软件如果难以修改，那意味着这个团队已经给软件存在的根本价值造成了阻碍。客户、用户和管理者都希望软件系统容易修改、修改的成本不高并且成本与收益相符。

我们将看到测试驱动开发、重构和简单设计等敏捷实践是如何确保以最小的代价安全地更改软件系统的。

2.2.5　持续改进

随着时间的推移,人类会把事情做得更好。画家改善绘画作品,作曲家改善歌曲,房屋的主人改善房子。软件也应该如此。软件越老,它应该是越好才对。

随着时间的流逝,软件系统的设计和架构应该会越来越好。代码的结构应该得到改善,系统的效率和吞吐量也应得到改善。这不是很明显吗?这不是任何一群人做任何一件事都应该抱有的期望吗?

这是对软件行业最强烈的控诉,也是我们这些专业人士最明显的失败证据:随着时间的推移,我们把事情变得更糟。开发人员预料到系统将一天天变得更加混乱、粗糙、脆弱,这也许是天底下最不负责任的态度。

持续而稳步的改进是用户、客户和管理者所期望的。他们期望系统早期的问题会逐渐消失,系统会随着时间的推移变得越来越好。结对编程、测试驱动开发、重构、简单设计等敏捷实践强有力地支持这种期望。

2.2.6　无畏之力

为什么大部分的软件系统不会随着时间的推移而变好?是因为恐惧,更具体来说,因为害怕改变。

想象你正在电脑屏幕前看着一些旧代码。你的第一个念头是:"这段代码写得太差劲了,我应该清理一下。"但是下一个念头是:"我不想碰它!"因为你知道,如果碰了这段代码，你会把软件搞坏，然后这段代码就变成了你的代码。所以你退缩了，尽管清理代码有可能对旧代码有所改善。

这就是恐惧的反应。你恐惧代码，这种恐惧会使你无能。你无法胜任必要的代码清理工作，因为你恐惧修改的后果。你对自己创建的代码已经完全失控，以至于你害怕对其做任何改进。这是极端不负责任的。

客户、用户和管理者期望一种无所畏惧的能力。他们期望如果你看到代码有问题或者不干净，会修复、清理它。他们期望你不任由问题发展并恶化，他们期望你能够完全掌控代码，并且尽可能保持清晰整洁。

如何才能消除这种恐惧？想象一下，你有一个按钮，它控制两盏灯：一盏红，另一盏绿。当你按下按钮时，如果系统工作正常，则绿灯亮；如果系统坏了，则红灯亮。从按下这个按钮到获得结果仅需几秒钟。在这种情况下，你会多久按一次这个按钮？你根本停不下来。每当你对代码进行任何更改时，你都会按下这个按钮，以确保你没有破坏任何内容。

现在，设想你正在查看屏幕上某些丑陋的代码。你的第一个念头是："我应该清理这部分代码"。于是你直接开始清理，在每次小小的更改后，就按一下按钮，查看亮灯的颜色，以确保你没有破坏任何东西。

恐惧消失了。你可以清理代码了，可以使用重构、结对编程和简单设计等敏捷实践来改进系统了。

如何才能得到这样的按钮？测试驱动开发（TDD）的敏捷实践为你提供了这个按钮。如果你具备纪律和决心来遵循这个实践，你将会拥有这个按钮，并且你将拥有无畏之力。

2.2.7　QA 应该什么也找不到

QA（Quality Assurance，质量保证人员）应该找不出系统的任何缺陷。当 QA 执行测试后，他们应该报告所有需求都在正常运行。如果 QA 发现了问题，开发团队应该去找出他们的流程中哪里出了错，并修复自己的工作流程，这样下次 QA 就什么也发现不了。

QA 不应该待在整个研发流程的末端，一次次地检查系统是否仍然可用。我们很快就会看到，QA 应该被放在一个更合适的位置上。

验收测试、测试驱动开发以及持续集成等敏捷实践支持这个期望。

2.2.8　测试自动化

你在图 2-1 中看到的那只手是一个 QA 经理的手。QA 经理拿的文档就是一个手工测试计划的目录。它列出了 80 000 个手工测试用例，每六个月由印度的测试大军全部执行一遍。执行这些测试用例要花费超过 100 万美元。

图 2-1　手工测试计划的目录

QA 经理手持这份文档来到我这里，他刚从他上司的办公室出来。他老板刚从 CFO 的办公室出来。那是 2008 年，经济大衰退已经开始。CFO 将那每半年 100 万美元的预算砍掉了一半。QA 经理拿着这份文档来咨询我，问哪一半的测试用例可以不执行。

我告诉他，不管他决定如何砍测试用例，他都无法知道是否有一半的系统能正常工作。

这是手工测试不可避免的结局。手工测试最终一定会被抛弃。刚才这个故事中手工测试被抛弃的最直接也最明显的方式：手工测试十分昂贵，所以经常是削减预算的目标。

然而，还有一种更阴险的抛弃手工测试的方式。开发人员很少按时交付系统给 QA 团队，这意味着 QA 可以用来执行测试的时间比原计划少很多。因此，为了赶上交付的截止时间，QA 必须选择执行他们认为最适合的测试用例。于是一些测试就没有被执行。它们被丢掉了。

而且，人类不是机器。让人去做机器就可以做的事情代价高，效率又低，而且不道德。QA 应该被安排在更合适的岗位上，在那里应该可以更好地利用他们的创造力和想象力。我们稍后再深入讨论这个问题。

客户和用户期望每次新发布都是经过了完整测试的。没有人期望开发团队会因为没时间或者没钱而跳过一些测试。因此，可自动化的测试用例都应该自动化。手工测试应该仅限在那些无法自动验证的事情，以及需要创新能力的探索性测试（Exploratory Testing）上。[1]

测试驱动开发、持续集成和验收测试的敏捷实践支持这个期望。

---

1 Agile Alliance. Exploratory testing.

2.2.9　我们互相掩护

作为 CTO，我期望开发团队能够表现得像一个团队。团队的行为是怎样的？想象一队橄榄球运动员带球推向前场。如果一个球员被绊倒，其他队员会怎么做？他们会快速补位，并且继续向前推进。

在船上，每个人都有自己的工作，并且每个人都了解如何做其他人的工作。因为在船上，所有的任务都必须完成。

在软件团队中，鲍勃病休，吉尔来接手。这意味着吉尔得知道鲍勃的工作内容，以及源文件和脚本等文件的存储位置。

我期望软件团队中的成员都能够互相掩护。我也期望软件团队中的每个人都能确保在他"倒地"之后，有另一个人能为他提供掩护。你有责任确保有其他队友能够接手你的工作。

如果负责数据库的鲍勃生病了，而我不希望这个项目的进度停下来，这时组里的其他人应该着手解决这个问题，即使她并不是"搞数据库的"。我不希望团队将知识保存在孤岛中，我希望大家能够共享知识。如果我需要将团队的一半成员重新分配到一个新项目中，我不希望团队会丢失一半知识。

结对编程、完整团队和代码集体所有的敏捷实践支持这些期望。

2.2.10　诚实的估算

我对估算有期望，我期望诚实的估算。最诚实的估算就是"我不知道"。但是，这样的估算不完整。你可能不是什么都知道，但总有一些你知道的。所以，我期望你能依据你知道的和不知道的来进行估算。

例如，你可能不知道某件事情将花费多长时间，但是你可以将一个任务和另一个任务进行相对值估算。你可能不知道开发一个登录页面需要多久，但是你也许可以告诉我开发修改密码的页面大约会花费登录页面一半的时间。像这样的相对估算是非常有价值的，我们将在下一章中介绍它。

或者，除了相对值估算，你还可以给出一个概率范围。例如，你可以告诉我登录页面将会花费 5 到 15 天，它的平均完成时间是 12 天。这种估算结合了你知道以及不知道的，产生了一个可以供管理层管理的、诚实的概率。

计划游戏与完整团队的敏捷实践支持这个期望。

2.2.11 你需要说"不"

尽管努力去寻找问题的解决方案十分重要，但是在找不到方案的时候，我期望你能够直接说"不"。你需要意识到，相比编码的能力，你被聘用的原因更多是说"不"的能力。你，作为一个程序员，知道某件事情是否可能。作为你的 CTO，我还指望着你能够在我们快要掉下悬崖的时候提醒大家。无论你面临多大的日程压力，无论多少经理强烈要求结果，当答案确实是"不"的时候，我期望你能够说出"不"。

完整团队的敏捷实践支持这个期望。

2.2.12 持续主动地学习

作为 CTO，我期望你能持续学习。我们所在的行业日新月异，我们必须要能够跟上它的变化。学习，学习，再学习！有些公司能承担你参加课程和会议的费用，有些公司能承担你购买书籍和培训视频的费用。如果这些都没有，那么你必须找到在没有公司帮助的情况下仍然持续学习的方法。

完整团队的敏捷实践支持这个期望。

2.2.13 指导

作为一个 CTO，我希望你能够去教别人。实际上，最好的学习方法就是教别人。所以，当团队有新成员加入，请给予指导，而且要学会如何互相指导。

又一次，完整团队的敏捷实践支持这个期望。

2.3 权利条款

在雪鸟会议期间，肯特·贝克表明，敏捷的目的就是消除业务和研发之间的鸿沟。为此，肯特·贝克、沃德·坎宁安和罗恩·杰佛里斯等人制定了如下权利条款。

在阅读这些权利时请注意，客户的权利和开发人员的权利是相辅相成的。它们就像手套与手一般紧密贴合。它们平衡了这两个群体的期望。

2.3.1 客户权利条款

客户权利条款包括如下内容。

- 客户有权制订总体计划，并且知道完成的时间和成本。
- 客户有权在每次迭代得到最多的潜在价值。
- 客户有权在一个真实运行的系统上看到进展，所指定的测试都能可重复地成功执行，以证明系统正常工作。
- 客户有权改变主意，要求替换功能或者修改优先级，而且不用付出高昂的成本。
- 客户有权在时间表与估算发生变化时得到通知，以便于及时选择如何缩小范围来达到项目日期要求。客户可以在任何时间取消项目，并留下一个有用且可用的系统，该系统的价值与迄今为止的投资相称。

2.3.2 开发人员权利条款

开发人员权利条款包括如下内容。

- 开发人员有权知道明确的需求优先级排序。
- 开发人员有权保持高质量的工作输出。
- 开发人员有权向伙伴、经理以及客户提出请求并获得帮助。
- 开发人员有权决定和更新自己的估算结果。
- 开发人员有权决定是否承接某种职责，而不接受指派。

这些都是极其有力的声明。我们会逐条讨论。

2.3.3 客户权利详讨

"客户"这个词在当前上下文中通常是指业务部门的人，包括真正的客户、经理、公司高管、项目负责人以及任何负责日程和预算的人，或者任何为系统支付费用并从系统运行中获益的人。

客户有权制订总体计划，并且知道完成的时间和成本。

很多人声称前期计划不是敏捷开发的一部分。第一条客户权利就证明了这个声明是错误的。业务部门当然需要一个计划，而且这个计划需要包括日程和成本，还要尽可能地确切和精准。

计划要尽可能地确切和精准这句话经常让我们陷入麻烦，因为能够做到既确切又精准的唯一方法就是实际去开发这个项目。什么都没干是不可能做到既确切又精准的。因此，要想保证客户的这项权利，程序员必须要确保计划、估算以及日程都恰当地描述了不确定程度，并且要定义出减少不确定性的手段。

简单来说，我们无法同意在固定时间期限内交付固定的项目范围。要么范围，要么日期，必须有一个是弹性的。我们利用概率曲线来表示这种弹性。例如，我们估算在截止日期前完成前 10 个故事的概率是 95%，额外多完成 5 个故事的概率是 50%，再多完成 5 个故事的概率是 5%。

客户有权要求这种基于概率的计划，因为他们如果没有计划就无法管理业务。

客户有权在每次迭代得到最多的潜在价值。

敏捷将开发工作量切分成名为迭代的固定时间盒。业务部门有权期望开发团队随时工作在最重要的事情上，并且在每次迭代都可以提供尽可能大的可用业务价值。在每次迭代开始时的计划会议上，客户确定好价值的优先级。客户选择的故事既能带来最高投资回报率，又能放进开发团队估算的迭代容量。

客户有权在一个真实运行的系统上看到进展，所指定的测试都能可重复地成功执行，以证明系统正常工作。

从客户的角度来看这是显而易见的。他们当然有权看到增量式的进展，有权指定验收进展的条件，并且有权快速且可重复地查看验收条件得到满足的证据。

客户有权改变主意，要求替换功能或者修改优先级，而且不用付出高昂的成本。

毕竟这是软件。软件存在的全部意义就是能够轻松地更改机器的行为。软性是软件被发明的首要原因。因此，客户当然有权更改需求。

客户有权在时间表与估算发生变化时得到通知，以便于及时选择如何缩小范围来达到项目日期要求。

客户可以在任何时间取消项目，并留下一个有用且可用的系统，该系统的价值与迄今为止的投资相称。

请注意，客户无权要求团队顺应项目日程。他们的权利只限于通过调整范围来管理日程。该权利的重点是客户有权知道日程处于危险之中，以便可以及时地进行管理。

2.3.4　开发人员权利详讨

在当前上下文中，开发人员是指参与代码开发的任何人，包括程序员、QA、测试人员以及业务分析师。

开发人员有权知道明确的需求优先级排序。

再次说明，关键点在于知道。开发人员有权精确了解需求以及需求的重要性。当然，需求与估算都会有实际的相同约束，需求并非总能做到完全精确，况且客户也有权改变主意。

所以这个权利只在一次迭代内有效。在迭代之外，需求会改变，优先级可以调整。但是在迭代之内，开发人员有权将其视为不可变的。不过记住，如果开发人员认为某个变更不影响进度，他们可以放弃这个权利。

开发人员有权保持高质量的工作输出。

这可能是所有权利中最强的一个。开发人员有权做好工作。业务人员无权要求开发人员走捷径或降低质量。或者换句话说，业务部门无权强迫开发人员破坏自己的职业声誉或者违反职业道德。

开发人员有权向伙伴、经理以及客户提出请求并获得帮助。

帮助有多种形式。程序员会互相请求帮助解决问题、检查结果、学习新框架以及其他事项。开发人员可能会要求客户更详细地解释需求或明确优先级。最重要的是，这个声明赋予程序员沟通的权利。同时，既然有寻求帮助的权利，当然也有为别人提供帮助的责任。

开发人员有权决定和更新自己的估算结果。

没人能替你估算一个任务。如果你对任务做了估算，每当有新的因素出现，你都可以改变你的估算。估算就是拍脑袋猜测。当然，虽然要运用智慧去猜，但它也仍然只是猜测。随着时间的推移，猜测会变成更好的猜测。估算永远不等于承诺。

开发人员有权决定是否承接某种职责，而不接受指派。

专业人士承接工作，而非被指派工作。专业开发人员有权针对某个具体工作或任务说"不"。拒绝任务可能是因为开发人员对自己完成任务的能力没有信心，或者他们认为该任务更适合其他人，又或者有个人或道德方面的原因。[1]

---

1 想想大众汽车公司的开发人员，他们"接受"了在加利福尼亚欺骗 EPA 试验台的任务。

无论如何，决定是否承接的权利有其代价。承接就意味着责任。承接任务的开发人员要对任务的质量和执行负责，要负责持续地更新估算以便管理时间表，要负责向整个团队沟通状态，还要负责在需要时寻求帮助。

在团队中编程要求初级开发人员和高级开发人员密切合作。团队有权共同决定谁做什么。技术领导可能会请求某个开发人员完成某项任务，但无权将任务强加给任何人。

2.4　结论

敏捷是一个支持专业软件开发的纪律框架。信奉纪律的人接受并遵守管理者、利益相关者和客户的合理期望。他们享受并遵守敏捷赋予开发人员和客户的权利。这种对权利与期望的双向协商与彼此接受——这种职业的纪律——是软件道德标准的基石。

敏捷不是一个流程，也不是一种时尚。敏捷不仅仅是一组规则，还是构成软件开发职业道德基础的权利、期望和纪律的组合体。

第 3 章

业务实践

为了成功，软件开发必须遵循许多面向业务的实践。其中包括计划游戏、小步发布、验收测试和完整团队。

3.1 计划游戏

你如何估算一个项目？简单的答案是将其分解成若干个组成部分，然后估算它们。这是一个很好的方法。但是，如果分解后的组成部分还是太大，无法准确估计，怎么办？还可以将它们分解成更小的单元，然后再进行估算。我敢肯定，这个逐级分解的道理大家都明白。

可以把项目分解到什么程度？你可以将其直接分解到每行代码中。实际上，这就是程序员的工作。程序员的技能就是将任务最终分解成一行行代码。

如果你想既确切又精准地对项目进行估算，那么就要将其分解为单独的代码行。花在这上面的时间可以给你一个非常确切而且精准的度量，告诉你需要花多少时间完成这个项目——因为你已经完成了。

当然，这样就失去了估算的意义。估算只是猜测：我们想知道这个项目需要多长时间来完成，而不用真正做完项目。我们希望估算成本相对较低。因此，估算注定是不精准的。正因为它不精准，我们可以缩短估算所花的时间。估算越不精准，估算所需的时间就越少。

这并不是说估算应该是不确切的。估算应该尽量准确，但是精准度适当即可，以便保持低估算成本。举一个例子可能会有助于读者理解：我估计我的死亡时刻将在未来一千年之内。这是完全确切的，但非常不精准。我可以不假思索地做出如此确切的估算，因为它如此不精准。这就是"确切而不精准"的估计：预计的事件在某个时间范围内几乎一定会发生。

对于软件开发者而言，技巧就在于，花少量时间，选定较小的范围，保证该范围内的确切预估。

3.1.1 三元分析

一种非常适用于大型任务的技术是三元估算。这种估算由 3 个数组成，这 3 个数分别对应最佳情况、正常情况和最坏情况。这些数都是对信心的估计：最坏情况是指你有 95% 的信心认为能完成该任务的时间，正常情况仅具有 50% 的信心，最佳情况仅具有 5% 的信心。

例如，我有 95% 的把握在 3 周内完成该任务，50% 的把握在 2 周内完成，5% 的把握在 1 周内完成。

另一种理解这种估算的方法是：做类似的任务 100 个，其中 5 个会在 1 周内完成，50 个会在 2 周内完成，95 个会在 3 周内完成。

关于三元估算的管理，有一套完整的数学方法。如果你有兴趣，我鼓励你研究程序评估和审查技术（Program Evaluation and Review Technique，PERT）。这是管理大型项目和项目组合的强大方法。如果还没有学习过这项技术，不要假设你已经知道了。除了你可能熟悉的 Microsoft Project 图表，PERT 还有很多其他内容。

对整个项目进行长期估算而言，三元分析法十分强大；但是对于项目内部的日常管理而言，这种技术的精准度太差。因此，我们使用另一种方法：故事点。

3.1.2　故事和点数

故事点技术获得确切性和精准性的途径是非常紧密的反馈循环：根据实际情况反复校准估计值。一开始的估算很不精准，但在几个周期后，不精准度就会降低到可管理的水平。不过，在讨论"故事点"之前，我们需要先谈谈什么是"故事"。

用户故事是从用户角度对系统功能的简短描述。例如：

作为汽车驾驶员，为了提高速度，我要用力踩下加速踏板。

这是故事较为常见的形式之一。有些人喜欢这种形式，有些人则更喜欢缩略的形式：加速。这两种描述方法都可以，它们都只是为了后续深入沟通而设置的占位符。

只有等到开发人员即将开发这个功能时，大量深入的对话才会产生。不过，在撰写故事的那一刻，对话已经开始了。彼时，开发人员和利益相关者讨论了这个故事的一些潜在细节，然后用简单的句子把它写下来。

故事的措辞简单且省略了细节，因为现在去明确这些细节还为时过早。我们希望尽可能地推迟这些细节的澄清，直到故事开始开发的那一刻。因此，我们只简短地留下故事，承诺将来会详细地对话。[1]

通常，我们将故事写在索引卡片上。我知道你想说什么：我们已经有了电脑和 iPad 等高科技设备，为什么还要使用索引卡这种古老而且原始的工具？事实上，纸质的卡片有它独特的优势：人们可以将这些卡片拿在手中、在桌子上相互传递、在卡片上涂鸦、以各种方式摆弄它们，这是非常有价值的事。

---

1 这是罗恩·杰弗里斯对故事的定义之一。

自动化工具自有其用武之地，我将会在另一章中讨论它们。但是，现在先将这些故事想象为索引卡。

请记住：第二次世界大战是用索引卡管理的[1]，因此我认为这种技术完全可以用于管理大规模项目。

3.1.3　ATM 的故事

想象一下，假设现在是迭代 0，我们团队正在为一台自动柜员机（ATM）编写故事。有哪些故事？这几个很容易想到：取款、存款和转账。当然，你还必须在自动柜员机上确认自己的身份，我们可以将其称为登录。这也意味着有一种方法可以退出。

现在我们有了 5 张卡片。一旦我们真正开始了解 ATM 的行为，肯定还会有更多卡片，例如审计任务、贷款支付任务等。但我们暂时只关注这 5 张。

这些卡片上写了什么？只有前面提到的几个词：登录、退出、取款、存款和转账。当然，我们在探询需求的过程中说过的词可不止这些。我们在会议上谈到了许多细节，其中包括用户登录的方式：先将卡插入卡槽，然后输入密码。我们也讨论了一种存款的方式：把一个信封插入插槽，在信封上有我们打印的识别标记。我们甚至讨论了如何提取现金，以及如果现金被卡住或用完了怎么办。我们考虑了许多诸如此类的细节。

但是我们对这些细节还不够有把握，因此我们不会将其写下来。我们写下的只是几个词。如果你想再做一些备忘性质的记录，完全可以记在卡上，但这些记录不是需求。卡片上没有正式的东西。

---

1 当然，从某种程度上来说。

对细节的拒绝是铁律。这很难。团队中每个人都会觉得有必要以某种方式记下所有讨论到的细节。抵制这种冲动！

我曾经和一个项目经理共事，他固执地坚持在故事卡上写下每个故事的每个细节。卡片上满是大段的蝇头小字，这样的故事卡令人费解，失去了使用价值。太多细节导致无法估算，也无法排期。这些卡片是无用的。更糟糕的是，由于前期在故事卡上投入了太多精力，谁也不敢把它们扔掉。

正是由于细节的暂时缺失，故事才可管理、可计划、可估算。故事必须低成本启动，因为很多故事都将被修改、拆分、合并甚至丢弃。记得，要不断提醒自己：故事只是占位符，而不是真正的需求。

现在我们有了在迭代 0 中创建的一批故事卡。以后遇到新特性和新想法时，我们还会创建更多的故事卡。实际上，创建故事的过程没有终点。在项目推进过程中，团队会不断地撰写、修改、丢弃和（最重要的是）开发故事。

1．对故事进行估算

想象一下，这些卡片就摆在你面前的桌子上，周围坐着其他开发人员、测试人员和利益相关者。这个会议的目的是估算这些卡片。类似这样的会议还会有很多次，每当添加了新故事或了解到旧故事的新知识时，就会召开这样的估算会议。估算会议不必非常正式，但应该在每次迭代中定期发生。

不过，现在我们仍处于迭代 0 的早期，这是我们的第一次估算会议，所有故事都还没有被估算过。

因此，我们从这些故事中选择一个大家认为具有平均复杂度的故事，也许会选登录故事。当初写这个故事时，我们这个团队中很多人都在场，所以我们都听到了利益相关者构想中故事的部分细节。现在我们可能会要求利益相关者再次回顾这些细节,以使所有人都了解相关情况。

然后,我们会为这个故事选择故事点数。登录这个故事将花费 3 个故事点的开发工作量(图 3-1)。读者也许会问:为什么是 3?我会反问:为什么不是呢?登录是一个平均的故事,因此我们给它一个平均的成本估算。如果我们的故事成本在 1～6,则平均值就是 3。

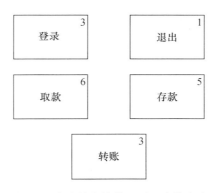

图 3-1 登录故事被分配了 3 个故事点

登录现在是我们的黄金故事(Golden Story),我们拿它来作为评估其他故事的标准。举例来说,退出要比登录简单得多,所以就给退出故事分配 1 个故事点。取款的难度可能是登录的两倍,因此我们说它的故事点是 6。存款与取款类似,但可能没有取款那么难,所以我们给它分配 5 个故事点。最后,转账比登录稍微复杂一些,因此我们给它分配 3 个故事点。

我们将得到的数字写在估算过的故事卡的一个角上。稍后我还会详细讨论估算过程,现在我们只说有这样一批故事卡,它们的估算故事点在 1～6。读者可能又要问:为什么是 1～6?我还是会说:为什么不是呢?分配成本的方法有很多,通常越简单的方法越好。

到这个时候,你可能会问:这些故事点到底在度量什么?也许你会认为它们是小时、天、周或其他时间单位。

都不是。它们是工作量的单位，而不是真实时间的单位。被估算的不是时间，而是工作量。

故事点数应该大致呈线性：2 个故事点的卡片需要的工作量大约是 4 个故事点的卡片的一半。但故事点与工作量也未必总是完美的线性关系。请记住，这些只是估计，估算的精准度必定是一个较宽的范围，这是我们有意为之的。如果吉姆没有在公司为修补 bug 分心的话，那么完成一个故事点为 3 的故事可能会花他两天的时间。但是，如果帕特是在家里工作，可能只需要一天。这些数字隐晦、模糊且不精准，并且它与真实时间没有直接关系。

但隐晦和模糊的数字自有其美妙之处，就是"大数定律"。当数量变大时，模糊性就消失了！稍后我们将利用这个特性。

2．规划迭代 1

与此同时，是时候计划第一次迭代了。迭代从迭代计划会议（Iteration Planning Meeting，IPM）开始。这个会议的时长应该安排为迭代持续时间的二十分之一。对于一个两周的迭代，IPM 大约需要半天。

整个团队都要参加 IPM，包括利益相关者、开发人员、测试人员和项目经理。利益相关者首先阅读已经估算过的故事，并按业务价值顺序对其排序。有些团队会给业务价值也标上故事点数，具体的操作方法与故事点评估类似。一般来说，团队只需要了解业务价值的优先级排序即可。

在 IPM 中，利益相关者的任务是选择出本迭代需要完成的故事，然后由开发人员和测试人员在迭代中完成它们。为此，利益相关者需要知道：开发人员认为可以完成多少个故事点。这个数字称为速率。当然，由于这是第一次迭代，因此没有人真正知道速率是多少。于是团队猜测了一个速率，我们假设猜测的数字是 30。

重要的是要意识到，速率不是承诺。团队没有承诺在迭代过程中完成 30 个故事点。他们甚至都没有承诺要尝试完成 30 个故事点。这个值只是他们对迭代结束前将完成多少个故事点的最佳猜测。这个猜测可能不是很确切。

3. 投资回报率

现在，利益相关者开始玩四象限游戏（图 3-2）。

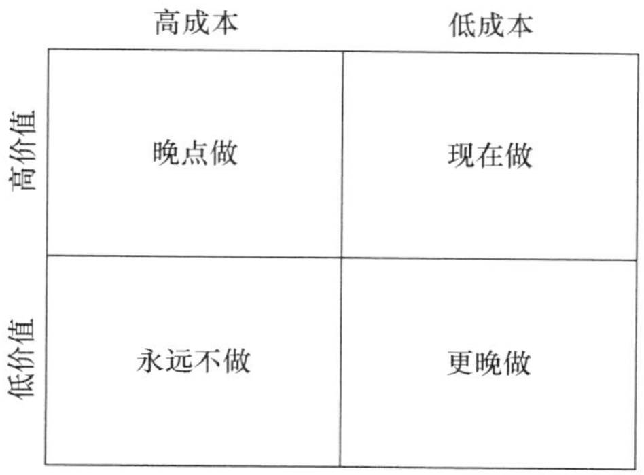

图 3-2　四象限游戏

高价值低成本的故事应该马上做，高价值高成本的稍后再做，低价值低成本的故事也许有一天会做，低价值高成本的故事应该永远不做。

这是一个投资回报率（Return On Investment，ROI）的计算。这不是正式的计算，也不需要用到数学。利益相关者只需看一下卡片，就可以根据其价值和估计成本做出判断。

例如，他可能会说："虽然登录功能非常重要，但成本也高，我们可以再等等。退出也很重要，而且成本很低，那就立即做！取款成本很高——确实很昂贵，但一开始我们也需要这样的功能来炫耀一下，那就做它吧。"

这就是价值排序的过程。利益相关者会从一堆故事中找出那些性价比最高、投资回报率最高的故事。当选出的故事累计故事点数达到30时，就停下来。这就是迭代的计划。

4．中期检查

开始工作吧。稍后我将详细解释故事的开发过程。现在，只需要想象有这么一个流程，可以把故事变成可工作的代码。经过这个流程，故事卡就会从待办移动到已完成。

在迭代的中期，应该会完成许多故事。这些故事的故事点总和应该是多少？是的，15个故事点，将整个迭代的计划故事点数除以二就可以得到这个值。

于是，我们召开中期评审会议。现在是星期一早上，即迭代第二周的第一天。团队成员与利益相关者在一起查看进度。

噢，总共只完成了10个故事点，但迭代仅剩一个星期了，团队不可能再完成20个故事点。因此，利益相关者从计划中删除了足够的故事，将剩余的故事点数减少到10。

到星期五下午，这次迭代以一次演示结束。到最后只有18个故事点完成。这次迭代失败了吗？

没有！迭代不会失败。迭代的目的是为管理者生成数据。如果迭代产出了可工作的代码，那当然更好；但是即使完全没有代码产出，它也仍然生成了数据。

5．昨天的天气

现在我们知道一周可以完成多少故事点：大约18个。星期一，即下一次迭代开始时，利益相关者应该计划多少故事点？当然，18个。这个实践叫作昨天的天气。如何预测今天的天气？最好的办法就是预测今天的天气会跟昨天的一样。怎么预测下一次迭代的进度？最好的办法就是预测下一次迭代的进度会跟上一次迭代的一样。

因此，在这次 IPM 中，利益相关者选择的故事加起来有 18 个故事点。但是这一次，在中期评审时，发生了一些奇怪的事情：团队完成了 12 个故事点。我们应该告诉利益相关者吗？

没有必要，因为他们可以自己看到。于是利益相关者又在迭代计划中增加了 6 个故事点，现在迭代计划的总数为 24 个故事点。

这次迭代结束时，团队实际只完成了 22 个故事点。因此，下一次迭代将计划完成 22 个故事点。

6．项目结束

就这样继续前行。每次迭代完成时，实际完成的速率将被添加到速率图中，这样每个人都可以看到团队前进的速度。

假设这个流程继续进行，一个迭代又一个迭代，一个月又一个月。那堆故事卡现在怎么样了？可以将迭代周期想象成一个泵，不断从这堆卡中抽出 ROI；而对需求的不断探索也是一个泵，又不断将 ROI 灌进那堆故事卡。只要输入的 ROI 超过输出的 ROI，这个项目就会继续。

但是，随着探索过程的进行，探索出的新功能数量会逐渐下降为零。当发生这种情况时，故事卡堆中的剩余 ROI 只需再经过几次迭代便会耗尽。到了某一天，利益相关者在 IPM 中扫视那堆故事卡，想找出一些值得做的事情但一无所获，此时项目便结束了。

并不是做完所有故事时项目才结束。当故事卡堆中没有值得继续开发的故事时，项目就结束了。

项目结束后，故事卡堆中剩下的东西有时会令人惊讶。我曾经参与一个为期一年的项目，整个项目的名字源自其中的第一个故事，而这第一个故事从未被实施，因为尽管那个故事在当时很重要，但还有许多紧迫的故事需要去开发。当所有这些紧急故事都解决了之后，最开始那个故事已经不再重要了。

3.1.4 故事

用户故事是软件功能的简单描述，以备将来查阅。写故事时尽量不要记录太多细节，因为我们知道这些细节很有可能会改变。细节随后还是会被记录下来，不过是以验收测试的形式。稍后我们再展开讨论。

故事遵循一组简单的指导原则，这组原则的首字母缩写是 INVEST。

- I：独立（Independent）。用户故事彼此互相独立。这意味着在实现它们时不必遵守特定的顺序。例如登录不是必须在退出之前实现。

这是一个软性的要求，因为很可能有一些故事会依赖于其他故事的先行实现。例如，如果我们在定义登录时没有考虑"恢复忘记密码"的场景，那么很显然密码恢复会多多少少地依赖于登录这个功能。尽管如此，我们还是尝试将故事分开，以使其相互依赖尽可能小，这样我们才能按业务价值的顺序实现故事。

- N：可协商（Negotiable）。这是我们不在卡片上写下所有细节的另一个原因：我们希望开发人员和业务人员之间可以就这些细节进行协商。

例如，业务部门可能要求为某些功能提供精美的拖放界面。开发人员可以建议使用更简单的复选框风格，并可以解释说这样做成本要低一些。这样的协商很重要，因为通过这样的协商，业务人员可以了解如何管理软件开发的成本。

- V：有价值（Valuable）。用户故事必须对业务具有明确且可量化的价值。

重构永远不可能是故事。架构设计永远不可能是故事。代码清理也永远不可能是故事。故事永远是有业务价值的东西。不用担心，我们会处理重构、架构设计和代码清理的事情，但不会以故事的形式。

这通常意味着故事将贯穿系统的所有层级。它可能涉及一点儿 GUI、一点儿中间件以及一点儿数据库工作。你可以将故事想象成一个垂直切片，它会贯穿系统的各个水平层。

业务价值的量化可以是非正式的。有些团队可能只是用高/中/低来度量业务价值，其他团队可能会尝试使用 10 分制来度量。只要你可以将业务价值差别很大的故事区分开来，使用什么样的度量方式都可以。

- **E：可估算**（Estimable）。用户故事必须足够具体，以允许开发人员进行估算。

诸如系统必须快之类的故事是无法估算的，因为它没完没了：性能要求是所有故事背后都必须实现的需要。

- **S：小**（Small）。用户故事不应大于一到两个开发人员可以在一个迭代中实现的工作量。

我们不希望整个团队整个迭代就做一个故事。一个迭代包含的故事数量应该与团队中开发人员的数量大致相当：如果团队有 8 个开发人员，则每个迭代应包含大约 6 到 12 个故事。不过，也别在这一点上过于纠结，它更像是一条指导方针，而不是硬性规定。

- **T：可测试**（Testable）。业务部门应该能够提出用户故事的测试标准，通过这些测试就能表明用户故事已经完成。

通常来说，这些测试用例将由 QA 编写，并被自动化，用于确定故事是否完成。稍后我们将会对这一部分多做一些解释。现在只需要记住：一个故事必须足够具体，可以用测试来说明。

这似乎与上面的"N"（可协商）相矛盾。其实并不矛盾，因为撰写故事时我们并不需要知道具体怎么测试，只需要知道可以在适当的时机编写测试。举例来说，即使不了解登录故事的所有细节，但我知道这是可以测试的，因为登录是一个具体的操作。但是，诸如可使用这样的故事就不可测试，也不可估算。确实，"E"和"T"是紧密相关的。

3.1.5　故事估算

有很多估计故事大小的方法，其中绝大多数都是传统的宽带德尔菲法[1]的变体。

其中最简单的一种方法被称为伸指头（Flying Fingers）。开发人员围坐在桌子旁阅读故事，并在必要时与利益相关者讨论。开发人员将一只手放在背后看不见的地方，用手指数表示自己认为这个故事应该有几个点，然后听有人数一、二、三，所有人同时把手伸出来。

如果每个人给出的手指数相同或者数字偏差很小并且具有明显的均值，则将该数字写在故事卡上，然后继续估算下一个故事。但如果大家给出的手指数存在明显分歧，那么开发人员将讨论原因，然后重复该过程，直到达成一致。

可以用衬衫尺码法（Shirt Sizes）来估算故事，把故事分为小、中、大 3 档。如果你想分成 5 档，把 5 个手指全用上也没问题。但几乎可以肯定，要是估算值超过了一只手的5 个手指，这也是荒谬的。记住，我们希望做到确切，但不必过于精准。

计划扑克（Planning Poker）[2]是一种类似的技术，但需要用到扑克牌。市面上有很多流行的计划扑克牌。大多数计划扑克使用某种斐波那契数列。一种流行的牌组包含以下卡牌：？、0、1/2、1、2、3、5、8、13、20、40、100 和∞。如果使用这样的牌组，我建议去掉其中绝大部分卡牌。

---

1 参见维基百科上的"Wideband Delphi"词条。

2 参见詹姆斯·格伦宁的文章"Planning Poker or how to avoid analysis paralysis while release planning"。

斐波那契数列的一个好处是，它允许团队估算更大的故事。例如，你可以选择 1、2、3、5 和 8，这将为你提供 8 倍的估算范围。

你可能还希望卡牌包括 0、∞ 和？。在伸手指头时，你可以使用拇指向下、拇指向上和张开手来表示这些符号。0 表示"小到无法估计"。请谨慎使用 0！你可能希望将几个很小的故事合并成一个更大的故事。无穷大（∞）表示大到无法估计，这时故事应该被拆分。问号（？）表示你根本不知道，这意味着你需要穿刺（spike）。

分解、合并和穿刺

合并故事很简单。你可以将几张故事卡夹在一起，把它们当作一个故事对待，只需将所有故事点相加即可。如果其中包含故事点数为 0 的故事，则根据自己的最佳判断来求和。毕竟，5 个故事点数为 0 的故事合并起来，总的估算很可能不会为 0。

拆分故事会更有趣，因为你需要保持故事的 INVEST 原则。作为拆分故事的简单示例，考虑登录这个功能：如果想将其拆分为较小的故事，我们可以创建无密码登录、只允许尝试一次的登录、允许多次尝试密码和忘记密码等故事。

很难找到一个无法拆分的故事，对那些大到必须拆分的故事尤为如此。请记住，程序员的工作是将故事一直分解，直到分解成一行行代码。因此，拆分通常不是大问题，挑战在于贯彻 INVEST 原则。

穿刺是一个元故事，或者叫"用于估算故事的故事"。之所以称为穿刺，是因为我们经常需要开发一个长而很薄的切片，来打穿系统的所有层。

假设有一个你无法估算的故事，如打印 PDF。为什么不知道如何估算？因为你以前从未使用过 PDF 库，不确定其工作方式。因此，你新增了一个名为估算打印 PDF 工作量的故事。现在你可以估算这个新故事的工作量，这会相对容易一些。毕竟，你知道你需要做的就是弄清楚如何使用 PDF 库。这两个故事都会被放进故事卡堆里。

在将来的 IPM 中，利益相关者可能会决定实施打印 PDF 的故事卡，但由于存在穿刺故事，他们不能这样做。必须先实施穿刺故事卡的操作，这样开发人员就能够完成"估计原来的故事"所需的工作，使其可以在将来的迭代中实现。

3.1.6　对迭代进行管理

每个迭代的目标是通过完成故事来产生数据。团队应该专注于故事，而不是故事中的任务。完成 80%的故事比每个故事都完成了 80%要好得多。要专注于驱动故事的完成。

计划会议结束后，程序员应立即选择各自负责的故事。一些团队会选择一批故事，然后将其余故事放到卡堆中，以待首批故事完成后再做选择。不管怎样，故事都是由程序员自己选择的。

经理和主管可能倾向于将故事分配给程序员。应该避免这种情况，而让程序员们自己进行协商，这样做的效果要好得多。

例如：

杰瑞（熟手）：如果没有人介意，我来做"登录"和"退出"。把它们放一起做是有意义的。

贾斯敏（熟手）：没有问题，不过，你跟阿尔方斯结对做数据库部分怎么样？他一直好奇我们采用的事件溯源（event-sourcing）风格，"登录"的难度不大，适合他入门。阿尔方斯?

阿尔方斯（学徒）：太棒了! 跟着杰瑞学一遍，我应该就可以开始做"取款"功能了。

阿莱西斯（主程序员）：阿尔方斯，你来做"取款"怎么样? 你可以和我结对做，然后你可以自己实现"转账"功能。

阿尔方斯：哦，好的，这样可能更合理。小步前进，对吧?

贾斯敏：是的，阿尔方斯。这样就只剩下了"存款"功能。我来做那个吧。阿莱西斯，我俩应该一起做 UI 部分，因为我俩的故事在 UI 上很相似。我们应该能够共用一部分代码。

在这个例子中，你可以看到主程序员如何指导有抱负的新员工，避免新员工承担超过他能力的工作，以及团队通常如何合作选择故事。

QA 与验收测试

如果 QA 还没有开始编写自动验收测试，IPM 结束后他们应该立即开始。排期需要早完成的故事，测试也应该尽早完成。我们不希望已经完成的故事等待编写验收测试。

编写验收测试应该快速。我们希望在当前迭代的中期节点之前完成全部验收测试的编写。如果没有在中期节点之前准备好所有验收测试，那么一些开发人员应该停止开发故事，并开始编写验收测试。

这可能意味着有些故事无法在这个迭代中完成。但是，如果没有验收测试，故事也是无法完成的。要确保开发故事的程序员不负责编写该故事的验收测试。如果 QA 总是错过中期节点期限，那么可能是 QA 与开发人员的比例有问题。

在迭代中期节点之后，如果所有验收测试都已完成，则 QA 应该着手下一个迭代的验收测试。此时还没开下一个迭代的 IPM，这么做有点投机，但是利益相关者可以大概预测下一个迭代最有可能选择哪些故事，供 QA 参考。

开发人员和 QA 应就这些测试进行深入交流。我们不希望 QA 把测试从部门墙一侧丢给另一侧的开发人员。QA 和开发人员应该共同协商如何组织测试，协作编写测试用例，甚至结对编写。

随着迭代中期节点的临近，团队应该尝试完成故事以进行中期评审。随着迭代接近尾声，开发人员应设法使剩余的故事通过各自的验收测试。

"完成"的定义就是：验收测试通过。

在迭代的最后一天，可能需要决定完成哪些故事、暂时放弃哪些故事。这是很艰难的决定，但这样做是为了重新分配团队成员的精力，以完成尽可能多的故事。与其在迭代结束时拿着两个半成品故事，我们更愿意牺牲其中一个，确保另一个完成。

我们追求的不是速度快，而是要取得具体、可度量的进展，要取得可靠的数据。当一个故事的验收测试通过时，该故事就完成了。但是，当一个程序员说故事完成了 90% 时，我们其实并不知道这个故事离完成还有多远。因此，唯一要在速率图上呈现的就是已经通过验收测试的故事。

3.1.7　演示

迭代以向利益相关者简要演示新完成的故事结束。根据迭代的长短，此会议的时间不超过一到两小时。演示中应该展示所有验收测试（包括所有先前的验收测试）和所有单元测试都可以运行。另外，它还应展示新添加的功能。演示最好由利益相关者自己来操作，以避免开发人员试图隐藏那些不起作用的功能。

3.1.8 速率

迭代的最后一步是更新速率图和燃尽图。这些图仅记录了已通过验收测试的那些故事点。经过几次迭代后，这两张图都将开始呈现出一条斜线。燃尽斜线可用于预测下一个主要里程碑的日期，速率斜线则告诉我们团队管理得如何。

速率斜线有很多噪声，尤其是在早期迭代中，因为团队需要时间夯实项目基础。但是在最初的几次迭代之后，噪声应降低到一定水平，使平均速率变得明显。

我们期望在最初的几次迭代之后，速率斜线的斜率将变为零，也就是速率斜线逐渐趋向水平。长期来看，我们不希望团队加速或放缓。

1．速率上升

如果我们看到速率斜线呈现正的斜率，未必表示该团队正在更快地前进，也可能是因为项目经理正在向团队施加压力，要求其加快开发速度。随着压力的增加，团队会在不知不觉中改变估算值，使得项目从数据上看起来前进得更快。

这就是简单的通货膨胀。故事点就是一种货币，团队正在外部压力下令其贬值。明年你再回来看看这个团队，他们每次迭代恐怕能完成数百万故事点。这里的教训是，速率是度量而不是目标。这是控制论基础：不要给度量对象施加压力。

在 IPM 中估计迭代的容量只是为了让利益相关者得知可能完成多少故事，这有助于利益相关者选择故事和做计划。但这个估计值不是承诺，即使实际速率较低，团队也并非失败。

请记住，唯一失败的迭代是无法生成数据的迭代。

2．速率下降

最有可能导致速率图显示持续的负斜率的因素是代码质量。团队很有可能没有进行足够的重构，而且可能坐视代码腐烂。团队无法充分重构的原因之一是由于没有充分的单元测试，因此他们担心重构会破坏过去可运行的部分。解决这种对变更的恐惧是团队管理的主要目标，而这一切都取决于测试纪律。关于这个主题，稍后我们还会深入讨论。

随着速度的下降，团队压力会越来越大，这会导致故事点的通货膨胀，通货膨胀又会掩藏速度下降的事实。

3．黄金故事

避免通货膨胀的一种方法是：将最初的黄金故事作为计量其他故事的准绳，可以持续将实现故事所需的故事点数估算值与其比较。记住登录是最初的黄金故事，它的大小估算为 3。如果发现像修复菜单项中的拼写错误这样的新故事估算值为 10，你就会知道有些通货膨胀发生了。

3.2　小步发布

小步发布实践建议开发团队应尽可能频繁地发布其软件。在 20 世纪 90 年代末期（敏捷的早期），我们认为这意味着每"一到两个月"发布一次。但是如今，发布周期的目标已经缩短了非常非常多。实际上，现在的目标是无限短。新的目标当然是持续交付：每次更改后就将代码发布到生产环境中。

这个描述可能会引起误解，因为"持续交付"这个说法看起来像是我们仅仅打算缩短交付周期。但实际上，我们是希望缩短所有周期。

但是，缩短周期这件事要面对很大的历史惯性。这种惯性与我们过去管理源代码的方式有关。

3.2.1　源代码控制简史

源代码控制的故事就是关于周期及其长短的故事。这个故事始于 20 世纪 50 年代到 60 年代，当时源代码保存在打孔纸卡上（图 3-3）。

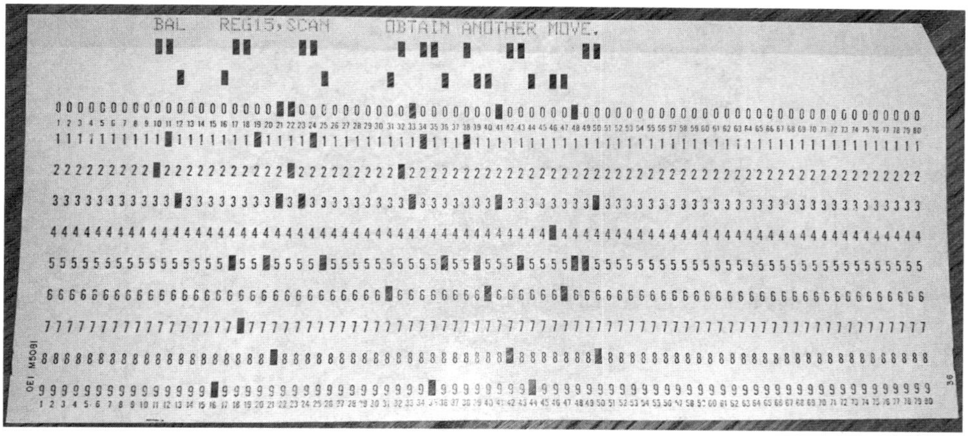

图 3-3　打孔纸卡

那时我们许多人都使用打孔纸卡片。一张卡片可容纳 80 个字符，代表一行程序。程序本身就是一叠这样的卡片，通常用橡皮筋绑在一起并放在盒子里（图 3-4）。

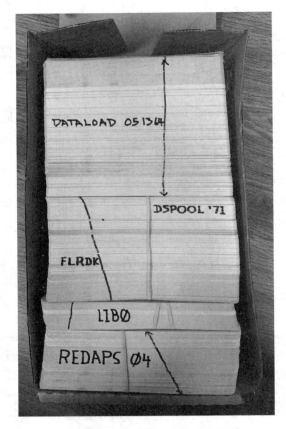

图 3-4 盒子里的一叠打孔纸卡

程序的所有者将那叠卡片放在抽屉或柜子中。如果有人想签出源代码，那么在获得所有者的许可后，他从抽屉或柜子中清点出源代码——字面意思上的签出。

如果你签出了源代码，那么你是唯一可以更改该源代码的人，因为你获得了物理上的所有权，其他人都碰不到它。当你用完后，你将那叠卡片交还给所有者，他将其放回抽屉或柜子中。

该程序的周期时间就是程序员保留该程序的时间，可能是几天、几周或几个月。

3.2.2　磁带

在 20 世纪 70 年代，我们逐渐转变为在磁带上保存源代码，替代了原先模拟打孔纸卡的保存方式。磁带可以容纳大量的源代码模块，并且很容易复制。编辑一个模块的步骤如下。

（1）从母带架上取出母带。

（2）将要编辑的模块从母带复制到工作磁带。

（3）放回母带，以便其他人可以访问其他模块。

（4）将彩色大头针钉到待编辑模块的名称旁边的签出板上。（我的是蓝色，我老板的是红色，团队中另外一个程序员的是黄色。没错，最终我们用尽了所有颜色。）

（5）使用工作磁带进行编辑、编译和测试。

（6）再次取出母带。

（7）将改完的模块从工作磁带复制到母带的新副本中。

（8）将新的母带放到母带架上。

（9）从板上取下大头针。

同样，周期时间就是你的大头针钉在板上的时间，可能是数小时、数天甚至数周。只要你的大头针钉在签出板上，其他任何人都不应触及你已钉住的模块。

当然，那些模块仍在母带上。在紧要关头，别人可以违反规则并编辑那些模块。因此，大头针是一种约定，而不是物理壁垒。

3.2.3　磁盘和源代码控制系统

在 20 世纪 80 年代，我们将源代码转移至磁盘。一开始，我们继续使用签出板上的大头针；随后，一些真正的源代码控制工具开始出现。我所记得的第一个是源代码控制系统

（Source Code Control System，SCCS）。SCCS 的行为就像签出板一样：你将模块锁定在磁盘上，以防止其他人编辑。这种锁称为悲观锁（Pessimistic Lock）。同样，周期时间就是锁的长度，可能是数小时、数天或数月。

SCCS 被版本控制系统（Revision Control System，RCS）所取代，后者又被并发版本系统（Concurrent Version System，CVS）所取代。这些工具都使用某种形式的悲观锁，因此周期时间仍然很长。但是，磁盘是比磁带更方便的存储介质。"从母带复制模块到工作磁带"的过程诱使我们将模块维持在较大规模，而磁盘允许我们极大地缩小模块的规模。拥有许多小模块而不是几个大模块，这个做法没有任何坏处。模块的小型化有效地缩短了周期时间，因为模块越小，将其保留在签出状态进行修改的时间就会相对越短。

但问题是系统的更改通常涉及更改许多模块。如果系统中的各个模块深度耦合，那么实际的签出时间仍然会很长。我们中的一些人学会了解耦模块，以缩短签出时间。但是，大多数人没有那么做。

3.2.4　Subversion

然后有了 Subversion（SVN）。该工具提供了乐观锁。乐观锁其实根本不是锁。多个开发人员可以同时签出同一个模块。SVN 工具会对此进行跟踪，并自动将多人的更改合并到模块中。如果该工具检测到冲突（即两个开发人员更改了同一行代码），它会要求程序员先解决冲突，之后才允许签入代码。

这会大大缩短周期时间，使其缩短至编辑、编译和测试一系列小更改所需的时间。但耦合仍然是一个问题。修改紧耦合的系统所需的周期时间仍然较长，因为必须同时更改许多模块。但是，修改松耦合的系统所需的周期时间则快得多了。签出时间不再是制约周期时间的因素。

3.2.5 Git 与测试

如今我们使用 Git。使用 Git 时，签出时间已缩减为零，因此这个概念就不存在了。程序员可以在任何时间提交对模块的任何更改。如果这些提交中出现了冲突，程序员可以在自己希望的时候来解决冲突。充分解耦的小模块和快速的提交频率共同作用，使得周期时间可缩短至几分钟。在此基础上再辅以覆盖全面、运行快速、几乎可以测试任何功能的自动化测试套件，你就具备了持续交付（Continuous Delivery，CD）的条件。

1．历史的惯性

不幸的是，组织很难摆脱旧的行为习惯。数天、数周和数月的周期时间已根深蒂固于许多团队的文化中，并已扩散到质量保证、管理层和利益相关者的期望当中。从这种文化的视角看来，持续交付是个荒唐可笑的概念。

2．小步发布

敏捷试图推动团队不断缩短发布周期来打破这种历史惯性。如果你现在每六个月发布一次，那就尝试每三个月一次，然后尝试每月一次，再然后每周一次。不断缩短发布周期，使其逐渐逼近于零。

为此，组织需要打破发布和部署之间的耦合。术语"发布"表示软件在技术上已做好部署准备，"是否要部署"仅仅是一个业务决策。

你可能已经注意到，我们用了同样的语言来描述迭代。迭代在技术上是可部署的。如果迭代周期为两周，但我们希望更频繁的发布，则必须缩短迭代周期。

迭代可以逐渐缩短为零吗？是的，可以。但这是另一章节的主题。

3.3 验收测试

验收测试是所有敏捷实践中最不被理解、使用最少也是最混乱的实践之一。这很奇怪，因为其基本思想非常简单：应该由业务方负责说明需求的规格。

当然，问题在于这个词的含义：规格说明。许多业务方希望这个词表达的意思是：他们只需要比划比划，用含糊不清的词汇来描述期望的行为。他们希望开发人员找出所有的小细节。但许多程序员则希望业务方精确地定义系统应该做什么，最好能细到把每个像素的坐标和取值都描述清楚。

而我们所需要的是介于这两个极端之间的某种东西。

那么，什么是规格说明呢？从本质上讲，规格说明是一种测试。例如：

当用户输入有效的用户名和密码，然后点击"登录"按钮，系统将显示"欢迎"页面。

很明显，这是一个规格说明，同时它也是一个测试。

而且很明显，这个测试可以自动化。没有任何理由说计算机无法验证这个规格说明是否得到满足。

这就是验收测试的实践。这个实践是说：只要可行，系统的需求就应该写成自动化测试。

但是，等一下！该由谁来写这些自动化测试呢？本节的第一段回答了这个问题：需求应该由业务方进行规格说明。所以应该是业务方来写这些测试。对吗？

但是，等一下！自动化测试必须使用某种形式的可执行语言来编写。这听起来似乎是程序员的工作，所以应该是程序员来写自动化测试，不是吗？

但是，等一下！如果是程序员来写这些测试，那他们是不会从业务方的视角来写的。他们写出来的一定是技术性的测试，充满只有程序员才能懂的技术细节，这些细节不能反映出需求的业务价值，所以还是应该由业务方来写这些测试，对吗？

但是，再等一下！如果是业务方来写这些自动化测试，他们编写测试的方式可能与我们所使用的技术完全不匹配。程序员最后不得不重写它们，对吗？

现在你能看到为什么这个实践对这么多人造成这么大的困惑了吧。

3.3.1　工具和方法论

更糟糕的是，这个实践领域中充斥着各种工具和方法论。

程序员编写了一大堆工具，试图来"帮助"业务人员更容易编写自动化测试。这些工具包括 FitNesse、JBehave、SpecFlow 和 Cucumber 等。每个工具都创造了自己的一套"形式主义"，试图将自动化测试的技术面和业务面分开。它们假设了业务方可以编写自动化测试的业务端，程序员则可以编写黏合代码将这些测试和被测系统绑定起来。

这似乎是一个好主意，并且这些工具做了相当不错的工作来支持这种分离。然而业务方还是不愿参与。负责规格说明的业务人员对形式化的语言很谨慎。他们通常想用人类语言，比如英语，来编写他们的规格说明。

为了应对这种局面，程序员又妥协了一步：他们为业务人员编写验收测试，希望业务人员至少能够去阅读形式化的文档。但这也不太成功，因为做业务的人不喜欢形式化的语言，他们更愿意看到系统实际工作，或者最好能将验证工作委托给 QA。

3.3.2 行为驱动开发

在千禧年之后，丹·诺斯（Dan North）开始重新定义 TDD，他称之为行为驱动开发（Behavior-Driven Development，BDD）。他的目标是从测试中去掉技术术语，使测试看起来更像业务人员会喜欢的样子。

起初，这只是对测试语言形式化的又一次尝试，其中使用了 3 个特定的副词：Given（给定）、When（当）和 Then（则）。有几个或新或旧的工具提供对这种语言的支持，包括 JBehave、Cucumber 和 FitNesse 等。但随着时间的推移，重点从工具和测试转向了需求和规格说明。

BDD 的支持者建议，业务方可以通过使用一种形式化的、基于场景的语言（就像 Given-When-Then 这样），来详细说明他们的系统。哪怕他们并不真的将这些需求转为自动化测试，这种形式化的需求表述也有巨大的价值。

这使得业务人员能够以形式化的、精确的方式表述需求，而不必遵守"编写真正可执行的测试"所需的技术要求。

3.3.3 实践

尽管存在上面描述的所有争议和混乱，但是验收测试的实践其实非常简单：业务方编写形式化的测试来描述每个用户故事的行为，开发人员负责将这些测试自动化。

这些测试由业务分析师和 QA 编写，他们要在迭代前半部分之前把测试写好。在迭代的前半部分中，他们测试的故事将被开发。开发人员将这些测试集成到持续构建中，这些测试成为迭代中故事的完成定义。如果没有写好验收测试，或者验收测试没有通过，故事就不能算完成。

1．业务分析师与 QA

验收测试是业务分析师、QA 和开发人员之间的协作。业务分析师负责说明功能的乐观路径，因为他们要在程序员和利益相关者之间做大量沟通，他们没有精力详细说明所有悲观路径。

QA 的任务是写出所有悲观路径。悲观路径比乐观路径多得多。之所以雇佣 QA 人员，就是因为他们有能力找出如何破坏系统的方法。他们是技术性很强的人，能够预见用户将要对系统做的所有奇奇怪怪的事情。他们还了解程序员的思路，知道如何戳穿他们所有的"偷工减料"。

当然，开发人员也需要与 QA 和业务分析师合作，以确保这些测试从技术角度来看也是合理的。

2．QA

当然，这完全改变了 QA 的角色。他们不是作为测试人员在项目最后把关，而是在项目前端定义规格。他们不再是在项目晚期提出关于错漏的反馈，而是提早给开发团队提供输入，以预防这些错漏发生。

这时 QA 必须承担更大的压力。为了确保最终产品的质量，QA 现在必须在每次迭代的开始时确保质量，而不是在迭代结束时检查合规性是否缺失。然而，QA 的责任并没有任何减少：他们要判断系统是否达到了可部署的标准。

3．在项目末期遗漏测试

将 QA 的工作移到开头并进行自动化测试解决了另一个巨大的问题：如果 QA 在项目临近尾声时无动测试，他们将成为整个项目的瓶颈，他们必须尽快完成测试工作，否则系统就无法部署。急躁的管理者和利益相关者会催促 QA 尽快完成测试，以便赶快部署系统。

如果 QA 在项目临近结束时才开始工作，那么所有上游的延迟都会落在 QA 身上。如果开发人员交付给 QA 的时间延迟了，项目交付日期会改变吗？通常，交付日期的选择是出于重要的商业理由，这个日期一旦延迟，成本可能很高，甚至造成灾难性的后果。这时，QA 就得为项目延期背锅。

既然计划上根本没有留时间给 QA，他们会如何进行测试，如何加速测试呢？很简单：他们不会测试所有功能，只测试那些改变了的东西。他们会根据新添和更改的特性进行影响分析，只测试受影响的东西。他们不会花时间去测试那些没有改变的东西。

于是你就遗漏了测试。在交付压力下，QA 直接放弃了全量回归测试。他们抱着一个美好的希望，希望下次能做全量的回归测试。通常，"下次"永远不会发生。

4．QA 病

然而，这还不是最糟糕的。把 QA 工作放在流程的尾端还会带来更糟糕的问题。如果 QA 处于流程尾端，组织如何知道他们是否做好了自己的工作？很简单，看他们能发现多少缺陷。如果 QA 发现了很多缺陷，他们显然做得很好，QA 经理可以吹嘘自己团队发现了多少缺陷，以此作为 QA 团队尽职尽责的明确证据。

于是，发现缺陷被认为是好事。

还有谁能从这些缺陷中获益呢？老程序员有这样的说法："你可以给我设定任何交货期限，只要别要求软件正常工作就行。"还有其他人能从缺陷中获益吗？那就是那些需要去满足交货最后期限的开发人员。

什么话都不用说，什么协议都不用写，双方都明白，他们都能从缺陷中受益。一个缺陷的"黑市经济"出现了。这种"疾病"渗透到许多组织中，哪怕暂时还不致命，这种"疾病"毫无疑问使组织逐渐虚弱。

5．开发即测试

这些问题都可以通过验收测试的实践来解决。QA 为迭代中的故事编写验收测试，但是 QA 不运行这些测试。"验证系统通过测试"不是 QA 的工作。那是谁的工作？当然是程序员！

运行测试是程序员的工作。程序员的工作是确保他们的代码通过所有的测试，所以他们当然得他们来做。只有运行这些测试，程序员才能知道他们开发的故事是否完成。

6．持续构建

在实际操作中，程序员会设置一个持续构建服务器来使这个过程[1]自动化。每当任何程序员签入一个模块时，该服务器会运行系统中的所有测试，包括所有单元测试和验收测试。更多的细节，我们留到后面讨论持续集成时再深入探讨。

3.4　完整团队

完整团队的实践最初被称为现场客户（On-Site Customer）。其理念是：用户和程序员之间的距离越短，交流就越好，开发就越快、越准确。客户是一个隐喻，指的是理解用户需求并与开发团队共同工作的某个人或某个团队。理想情况下，客户与团队坐在同一个房间里。

---

1 因为程序员的工作就是把事情变成自动化的！

在 Scrum 里，客户被称为产品负责人（Product Owner）。这个人（或一组人）负责选择故事、设置优先级并及时提供反馈。

后来这个实践被改名为"完整团队"，以便清楚地表明开发团队不仅仅是一个"客户+程序员"的组合。相反，开发团队由许多角色组成，包括经理、测试人员、技术作者等。这个实践的目标是最小化这些角色之间的物理距离。理想情况下，团队的所有成员都坐在同一个房间里。

毫无疑问，把整个团队放到同一个房间里可以最大限度地提高团队的效率。这些人可以迅速地交流，不需要繁文缛节。问题从提出到解答只需要几秒钟。知道答案的专家总是在附近。

此外，团队坐在一起就创造了机缘巧合发生的机会。现场客户可能会在程序员或测试人员的屏幕上看到一些看起来不对的东西。测试人员可能会无意中听到一对程序员在谈论某个需求，并意识到他们得出了错误的结论。不要低估这种偶然的协同作用。当整个团队坐在同一个空间里，魔术般的变化就能发生。

请注意，此实践被视为业务实践，而不是团队实践。因为业务才是从完整团队实践中获益最大的一方。

当团队在同一地点时，业务运行会更加顺畅。

同一地点

在 21 世纪初，我帮助一些组织采用敏捷方法。在正式指导开始前的初步访问中，我们会要求客户安排团队空间，并让整个团队坐在一起。不止一次，客户告诉我们，只是因为坐在一起，团队的效率就有了显著的提高。

1. 不在同一地点的办法

到了 20 世纪 90 年代，通过互联网，能够利用到那些低劳务成本国家的巨大编程人力池。互联网使得发达国家得以利用这些远程劳动力。使用这种劳动力的诱惑无可抵挡。会计稍微一算，想到可以得到如此巨大的成本节约，眼睛都快发绿光了。

这个梦想没有大家所希望的那么成功。事实证明，能跨越半个世界发送以兆字节（MB）计的源代码，不代表你就能与坐在一起的客户和程序员团队一样工作。彼此相距遥远，时区、语言和文化迥异。远程团队内存在大量的沟通失误。质量受到严重影响。返工激增。[1]

在此后的几年里，技术有所改进。数据的高速吞吐使常规的视频聊天和屏幕共享会话成为可能。位于世界两端的两个开发人员现在几乎可以在同一段代码上结对编程，就像坐在一起一样。当然，这些进步并不能解决时区、语言和文化方面的问题，但是透过屏幕的面对面编码肯定比用电子邮件来回发送源代码更好。

敏捷团队能这样工作吗？我听说这是可能的。我从未亲眼见过这种模式成功的案例。也许你见过。

2. 在家远程办公

互联网带宽的改善也使人们在家工作变得更加容易。在这种情况下，语言、时区和文化都不是大问题。更重要的是，没有跨洋通信的滞后。团队会议几乎可以像在同一地点举行一样，并与每个人的昼夜节律同步。

---

1 我与直接经历过这些问题的人进行过讨论，基于这些对话得出了上述印象。我没有实际的数据支撑。读者自慎。

别误会我的意思。当团队成员在家工作时，仍然有大量的非语言交流损失。偶然的谈话要少得多。不管团队之间有多么电子化的联系，他们仍然不在同一个空间里。这使在家工作的人处于明显的不利地位。他们总是错过一些谈话和现场会议。尽管有巨大的数据带宽，但与处于同一地点的人相比，他们仍然像是在通过瞭望孔进行通信。

如果团队大多数时候坐在一起，但有一两个成员每周在家工作一两天，那么他们很可能不会遇到大问题。如果他们投资了高带宽的优质远程通信工具，情况还会更好一些。

但几乎完全由在家工作的人组成的团队永远无法像位于同一地点的团队那样工作。

别误会我的意思。在 20 世纪 90 年代初，我和我的搭档吉姆·纽柯克成功地管理了一个完全不在同一地点的团队。所有人都在家工作，我们每年最多见两次面，还有些人住在不同的时区。但我们都说同一种语言，有同样的文化，我们的时区从来没有超过两小时的时差。我们成功了，我们做得很好。但如果我们在同一个房间里，效果会更好。

3.5 结论

在 2001 年的雪鸟会议上，肯特·贝克说，我们的目标之一是弥合业务与开发之间的鸿沟。在实现这一目标上，面向业务的实践发挥着重要作用。通过遵循这些实践，业务和开发有一个简单而明确的沟通方式。这种交流会产生信任。

第 4 章

团队实践

在罗恩・杰弗里斯的生命之环（Circle of Life）里，中间一圈包含了敏捷团队实践。这些实践支配着团队成员之间的关系，以及团队成员与他们所创建的产品之间的关系。我们将讨论的实践包括隐喻、可持续节奏、代码集体所有和持续集成。

然后，我们将简要讨论所谓的站会。

4.1　隐喻

在签署《敏捷宣言》前后那几年，隐喻实践对我们来说挺尴尬的，因为我们无法描述它。我们知道它很重要，可以举出一些成功的例子，但就是无法有效地表达我们的意思。在几次演讲、讲座或课堂上，我们只能简单地说一些诸如"你看到就会知道了"之类的话来纾困。

"隐喻"的概念是这样的：为了有效地进行沟通，团队需要一个受限制的、有纪律的词汇表，其中包含项目中的术语及概念。肯特・贝克之所以称其为隐喻，是因为它能将项目与团队具备的共同知识关联到一起。

贝克的主要案例是克莱斯勒（Chrysler）薪资项目所使用的隐喻。[1]他把薪水支票的生成过程与装配流水线关联起来。薪水支票在各个工位之间移动，不断添加"零件"。一张空白支票会移至 ID 工位以添加员工的身份。然后，它可能会移到付款工位以添加总税前工资。接下来，它会移动到联邦税务工位，然后是联邦保险（FICA）工位，然后是医保工位……你明白了吧。

程序员和客户可以很容易地将这个隐喻用于生成薪水支票的过程。隐喻为他们提供了一个用于讨论该系统的词汇表。

但是隐喻常常会出错。

---

1 参见维基百科上的"Chrysler Comprehensive Compensation System"词条。

例如，在 20 世纪 80 年代后期，我参与了一个测量 T1 通信网络质量的项目。我们从每条 T1 线路的端点下载错误计数，并把它们收集到 30 分钟间隔的时间切片中。将这些切片当作待烹饪的原始数据。用什么烹饪切片呢？烤面包机，于是我们想到了面包的隐喻。我们有了面包切片（slice）、整条面包（loaf）、面包屑（crumb）等。

对程序员来说，这个词汇表的效果很好。我们可以互相讨论面包片、烤过的面包片/吐司、整条面包等。但无意中听到我们谈话的管理人员和客户会摇着头走出房间，在他们看来，我们在胡言乱语。

还有更糟糕的例子。在 20 世纪 70 年代初期，我曾开发过一个分时系统，它可以在有限的内存空间中置换应用程序。当某个应用程序占据内存时，它会把文本加载到缓冲区，里面是要发送到慢速电传打字机的内容。缓冲区满了之后，应用程序将进入休眠状态，并被置换出内存而保存到磁盘上，同时缓冲区也被缓慢地清空。我们将这些缓冲区比喻为垃圾卡车，其在垃圾制造者和垃圾场之间来回穿梭。

我们认为这很聪明。垃圾这个隐喻逗得我们略略地笑。接着，我们把客户称为垃圾商人。隐喻使我们的交流很有效，但不够尊重金主。所以我们从来不会与他们分享这个隐喻。

这些例子显示了隐喻的优点和缺点。隐喻可以提供词汇表，使团队可以有效地进行沟通。但有些隐喻愚蠢到了冒犯客户的地步。

领域驱动设计

埃里克·埃文斯（Eric Evans）在他开创性的著作《领域驱动设计：软件核心复杂性应对之道》[1]中解决了隐喻问题，最终消除了我们的尴尬。他创造了统一语言（Ubiquitous Language）

1　Evans, E. 2003. *Domain-Driven Design: Tackling Complexity in the Heart of Software. Boston*, MA: Addison-Wesley.

一词，这才是隐喻实践该有的名字。团队需要一个对问题域的建模，描述这个模型的词汇表需要得到所有人的认同——我是说所有人，包括程序员、QA、经理、客户、用户……所有人。

20 世纪 70 年代，汤姆·迪马可（Tom DeMarco）将这类模型称为数据字典[1]。它们精简地呈现了被应用程序处理的数据以及处理这些数据的过程。埃文斯做出了卓越的贡献，将这个简单的想法扩展为领域建模学科。迪马可和埃文斯都将模型用作与各方利益相关者进行沟通的载体。

举个简单的例子，我最近编写了一款名为《星球大战》（*Space War*）的视频游戏。数据元素包括 Ship（飞船）、Klingon（克林贡人）、Romulan（罗慕伦人）、Shot（射击）、Hit（击中）、Explosion（爆炸）、Base（基地）、Transport（传送）等。我非常小心地将每个概念隔离到各自的模块中，并在整个应用程序中无二义地使用这些名字。这些名字是我的统一语言。

项目的各个部分都使用统一语言。业务人员、开发人员、QA、运维和 DevOps 人员都在使用它，甚至客户也在使用其中有关的一部分。它支持业务用例、需求、设计、架构和验收测试。在整个项目生命周期中的各个阶段，这条前后一致的线索能将整个项目连接在一起。[2]

4.2 可持续节奏

> "快跑的未必能赢……"
>
> ——《传道书》9:11
>
> "……惟有忍耐到底的，必然得救。"
>
> ——《马太福音》24:13

---

1 DeMarco, T. 1979. *Structured Analysis and System Specification.* Upper Saddle River, NJ: Yourdon Press.
2 "它是所有生物创造的一个能量场，包围并渗透着我们，有着凝聚整个星系的能量。" 1979 年卢卡斯影业的《星球大战 IV：新希望》。

第七天，上帝安息了。后来，上帝将"第七天安息"定在了十诫之中。显然，即便是上帝也需要以可持续的节奏前进。

20 世纪 70 年代初期，我年仅 18 岁，和高中伙伴一起，受聘为某个极度重要的项目的程序员。我们的经理设定了截止日期。截止日期是绝对不能变的。我们的努力很重要！如果说组织是台机器的话，我们就是其中的关键齿轮。我们很重要！

18 岁很美好，不是吗？

作为刚从高中毕业的年轻人，我们马力全开。我们夜以继日地工作了好几个月，每周平均工作超过 60 小时，有几个星期甚至达到 80 小时以上。我们甚至干了几十个通宵！

我们为所有的加班感到自豪！我们是真正的程序员！我们全力投入！我们有价值！因为我们一手拯救了一个重要的项目，我们！是！程序员！

然后，我们精疲力竭——太辛苦了。辛苦到集体辞职了。我们骤然离去，公司只留下了一个几乎无法工作的分时系统，没有任何有能力的程序员来支持它。走着瞧！

愤怒的 18 岁很美好，不是吗？

别担心，公司渡过了困境。事实证明我们并不是唯一可以胜任的程序员。那里有一批人每周认真地工作 40 小时。在私密的编程狂欢夜中，我们鄙视那些既不投入又懒惰的人。然而正是这些人悄悄地收拾好烂摊子，并维持系统正常运行。我敢说，他们很高兴摆脱我们这些愤怒、吵闹的孩子。

4.2.1 加班

你可能以为我从那次经验中学到了教训。显然，并没有。在接下来的 20 年中，我继续为雇主加班工作，也继续被重要项目诱惑。喔，我并没有像 18 岁那样疯狂地工作。我把平均每周工作时间减少到 50 小时左右，罕有通宵达旦的日子了——但也并未完全消失。

随着长大并逐渐成熟，我意识到自己最糟糕的技术错误都是在狂热熬夜时犯下的。我意识到，那些错误给工作造成了巨大的阻碍，然后我在清醒时又不得不想办法绕开它们。

后来发生的事情使我重新考虑自己的方式。我和我未来的商业伙伴吉姆·纽柯克有一次正在忙着通宵加班。大约在凌晨 2 点，我们试图从系统执行链的底层部分获取数据，然后发送到顶层的另一部分中。没办法直接从栈中返回数据。

我们在产品中建立了一个"邮件"传输系统，用它在进程之间发送信息。凌晨 2 点，咖啡因使人血脉贲张，所有人的工作效率都达到了极致。突然，我们意识到：其实可以在一个进程内处理信息传递，只需要让底层部分将数据邮寄给自身，顶层部分就可以从底层获取数据了。

即使 30 多年后的今天，每当吉姆和我想要描述某人的可悲决定时，我们都会说："啊哦，它们邮寄给自己了。"

对于这个决定为何如此糟糕，我就不讲那些可怕和深入的细节了。可以这么说，比起想节省的工作量，它使我们付出了更多倍的精力。当然，由于这个解决方案已经在系统中深深扎根下去，无法再逆转，因此我们只好硬着头皮坚持。[1]

---

1 这发生在我了解 TDD 的 10 年之前。如果吉姆和我那时采用了 TDD，我们其实可以轻松地回退那次修改。

4.2.2 马拉松

那一刻，我学到了软件项目是一场马拉松，不是冲刺，更不是一系列连续冲刺。为了获胜，你必须均匀配速。如果你全速越过障碍物奔跑，那么在抵达终点之前就将耗尽力气。

因此，你的奔跑步伐必须能长时间维持。你必须以"可持续节奏"来奔跑。如果尝试以超过自己可持续的速度奔跑，那么就必须减速和休息才能到达终点，这样一来，你的平均速度将慢于"可持续节奏"。当接近终点线时，如果还剩有能量，你可以冲刺。但是在那之前不能冲刺。

经理们可能会要求你比配速跑得再快点儿。你一定不能遵从这样的想法。你有义务节约自己的资源以确保坚持到最后。

4.2.3 奉献精神

加班工作并不能向雇主展现你的奉献精神。这只能表明你的计划做得糟糕，你答应了不该答应的截止日期，承诺了不该承诺的事情，你只是一个可被操纵的劳工而非专业人士。

这并不是说所有的加班都是坏事，也不是说永远都不要加班。某些情况下的确只能加班，但是它们不应该成为常态。而且你必须非常清醒地意识到加班的成本可能远远超过省下的时间。

几十年前那次我和吉姆一起开的夜车并非最后一次，而是倒数第二次通宵。最后那一次我无法掌控，情有可原。

那是 1995 年。我的第一本书计划于次日正式下厂印刷，而我正忙于完成最后一道清样。下午 6 点，我基本上已经全部准备好，只需要将它们通过 FTP 发送给出版社。

但是，纯属意外，我偶然发现了使书中数百张图片的分辨率翻倍的方法。当我向吉姆和詹妮弗展示提高分辨率的例子时，他们正在帮我一起处理清样，而且即将执行 FTP 传输。

我们彼此看着，长叹一口气。吉姆说："我们必须全部重做。"这不是发问，而是陈述事实。我们 3 个人看看彼此，再看看表，再看看彼此，然后弯腰开始工作。

当那一晚结束时，我们完成了所有工作。书交付了。我们也可以睡个安稳觉了。

4.2.4　睡眠

程序员最宝贵的养生之道就是充足的睡眠。我一天睡 7 小时就够了，偶尔有一两天只睡 6 小时也能承受。再减少睡眠的话，我的生产力就会直线下降。充分了解你自己的身体需要多少小时的睡眠，然后留出足够的时间，这些时间将会加倍回报你。我的经验法则是，少睡 1 小时会废掉白天 2 小时的工作时间，少睡 2 小时会废掉 4 小时的生产力。显然，如果少睡 3 小时，那就根本不会有任何产出。

4.3　代码集体所有

敏捷项目中没有人独占代码，代码由团队集体所有。任何团队成员都可以随时检出代码，并改善项目中的任意模块。团队集体拥有代码。

我的职业生涯早期是在泰瑞达（Teradyne）公司度过的，那时我就学会了代码集体所有。我们工作在一个大型系统上，系统由 5 万行代码组成，包含几百个模块。团队中没有人独占任何一个模块。大家都努力学习和改善所有模块。哦，一些人比其他人更熟悉代码的特定部分，但我们设法传播经验，而非将经验集中到少数人手里。

该系统是一个早期的分布式网络，其中有一台中央计算机，以及分布在全国各地的数十台卫星计算机。这些计算机通过 300 波特的调制解调器线路进行通信。我们没有区分中央计算机的程序员和卫星计算机的程序员，大家全都为两种计算机开发软件。

这两种计算机具有非常不同的体系结构。一个类似于 PDP-8，不过它是 18 位的。它具有 256 KB RAM 存储器，要从磁带中载入。另一个是 8 位的 8085 微处理器，带有 32 KB RAM 和 32 KB ROM。

我们用汇编语言进行编程。这两台机器的汇编语言和开发环境非常不同。大家都同时为这两种计算机工作，不会厚此薄彼。

代码集体所有并非说你不能有所专长。随着系统复杂性的增长，专业化绝对有必要。有些系统是如此庞大，任何个人都不可能既完整而又详细地全面理解它。但是，即使你有所专长，同时也必须是通才。你既要在自己专长的领域工作，又要与其他领域的代码打交道。你要保持在专长领域之外工作的能力。

当团队采用代码集体所有时，知识就会分散在团队中。每个团队成员都能够更好地理解模块之间的界限，以及系统的整体工作方式。这极大地提高了团队沟通和决策的能力。

在我相对较长的职业生涯中，我见过一些与代码集体所有背道而驰的公司。每个程序员都独占自己的模块，其他人不可以触碰。这种机能严重失调的团队经常陷入互相指责和无效沟通中。如果一个模块的作者没有来工作，进展就会陷入停滞。没人敢碰别人占有的东西。

X 档案

制造高端打印机的 X 公司就是一个特别糟糕的例子。在 20 世纪 90 年代，该公司的重心正从硬件主导转型为软硬件集成。他们意识到，使用软件控制机器的内部运作，可以大大降低制造成本。

但是，由于对硬件的关注已根深蒂固，因此他们按照硬件条线来划分软件小组。硬件团队是按设备来划分的：进纸器、打印机、出纸器、装订机等各自有硬件团队。软件也同样是按这些设备进行组织的。一个团队为进纸器编写控制软件，另一个团队为装订机编写软件，依此类推。

在 X 公司，业务影响力取决于你工作所涉及的设备。由于 X 是一家打印机公司，因此打印机设备是最负盛名的。开发打印机的硬件工程师必须百里挑一。而装订机工程师则是无名小卒。

奇怪的是，这个政治排名系统同样也出现在软件团队。编写出纸器代码的开发人员在政治上无能为力；而如果打印机开发人员在会议上讲话，那么所有人都会认真聆听。由于政治分歧，没有人会共享代码。打印机团队的政治影响力与打印机的代码紧密绑定，因此打印机代码一直深藏不露，外人根本看不到它。

这会造成大量问题。如果无法探查正在使用的代码，就会导致很明显的沟通障碍。不可避免地，还存在相互指责和暗箭伤人的现象。

但是，荒谬十足的重复才是更糟糕的。事实证明，进纸器、打印机、出纸器、装订机的控制软件也没那么不同。它们都必须根据外部输入和内部传感器来控制电动机、继电器、螺线管和离合器。这些模块的基本内部结构是相同的。然而，因为所有这些政治性的保护措施，每个团队都必须独立发明自己的轮子。

更重要的是，按硬件划分软件的想法是荒谬的。软件系统并不需要将打印机控制器和进纸器控制器独立分开。

人力资源的浪费——还不用提情感上的焦虑和彼此对抗的姿态——导致了非常不舒服的环境。我认为，这种环境（至少在一定程度上）对这家公司的最终倒闭起了推动作用。

4.4　持续集成

在早年的敏捷中，持续集成实践意味着开发人员每隔一两小时就签入一次源代码的修改，并将其合并入主干[1]。所有单元测试和验收测试都一直成功通过。不存在任何未集成的特性分支。部署时不应激活的所有变更都要通过开关（toggle）来处理。

2000 年，在一次沉浸式 XP 课程中，一名学生掉入了一个经典的陷阱。这些沉浸式课程非常紧凑，我们将周期缩短为每天一次迭代，持续集成周期缩短到 15～30 分钟。

这名学生是一支 6 人开发团队的成员，另外 5 名开发人员的签入频率都比他高。（不知道什么原因，他没有和别人结对——猜猜为什么。）遗憾的是，一个多小时后，这个学生还没有集成自己的代码。

1　Beck, K. 2000. *Extreme Programming Explained: Embrace Change.* Boston, MA: Addison-Wesley, p. 97.

当他最终尝试签入并集成他的改动时，他发现代码库里已经累积了许多改动，于是他又花了很长时间去合并代码并使之跑通。在他为合并而苦苦挣扎的同时，其他程序员继续每 15 分钟签入一次。当他最终完成合并并尝试签入自己的代码时，另一笔合并已经在等着他了。

对此他感到非常沮丧，以至于他在课堂上站起来并大声地宣称："XP 行不通。"然后他冲出教室，去酒店吧台了。

然后奇迹发生了。之前被他拒绝的结对搭档追出去，劝他回到教室。另外两对搭档则重新安排了工作的优先级，完成了合并，并将项目扳回正轨。30 分钟后，那个学生冷静下来回到教室，向大家道歉，然后继续工作，并且开始结对。后来，他成了敏捷开发的热心拥护者。

关键是，只有持续地集成，持续集成才会有效。

4.4.1　然后有了持续构建

在 2001 年，ThoughtWorks 带来了翻天覆地的改变：他们创造了 CruiseControl[1]，第一个持续构建工具。我记得迈克·涂[2]在 2001 年 XP Immersion 活动的深夜演讲上讲述了这件事。该演讲没有录音，但故事梗概如下：

> CruiseControl 允许将签入时间缩短至几分钟。即使是最细微的改动也能很快地集成到主干中。CruiseControl 监视源代码控制系统，一旦签入任何改动就会启动构建。作为构建的一部分，CruiseControl 会运行系统的大部分自动化测试，然后将结果发送给团队中的每个人。
>
> "鲍勃，破坏了构建。"

---

1 参见维基百科上的"Cruise Control"词条。

2 迈克·涂（Mike Two）于 1999 年至 2007 年在 ThoughtWorks 工作。——译者注

对于破坏构建的人，我们有一条简单的规则：在破坏构建的当天，你必须穿一件衬衫，上面写着"我破坏了构建"——而且从来没人洗那件衬衫。

从那天起，许多其他的持续构建工具陆续出现，包括 Jenkins（或者应该说 Hudson？）、Bamboo 和 TeamCity 等。这些工具将两次集成的间隔缩到最短。肯特最初说的"几小时"已被"几分钟"所代替。持续集成已变成持续签入。

4.4.2 持续构建的纪律

持续构建应该永不被破坏。这是因为，为了避免穿上迈克·涂的脏衬衫，每个程序员都要在签入代码之前运行所有验收测试和所有单元测试。如果构建中断了，就说明非常奇怪的事情发生了。

迈克·涂在讲座中也谈到了这个问题。他们在团队房间墙上显眼的位置贴上了一张日历。在那张大海报上，一年中的每一天都对应一个小方格。

任何一天中如果构建失败了，哪怕只有一次失败，他们都会放上一个红点。任何一天中如果构建从未失败，就放上一个绿点。一两个月内，这简单的可视化就足以将一整片红色转变为一整片绿色。

1. 紧急插播

再说一次：持续构建应该永不失败。失败的构建是一次紧急插播事件。我要听到警报声响起，我要看到红色大灯在首席执行官办公室里旋转。破坏构建就是出大事儿了。我要所有程序员停止他们手头的工作，合力将构建恢复成功。团队的口头禅必须是构建永不失败。

2．掩耳盗铃的代价

在截止日期的压力下，有些团队允许持续构建一直失败。这是作死的节奏。结果就是每个人都厌倦了持续构建服务器不断发出的失败通知邮件，于是他们删掉了失败的测试，并承诺"稍后"会回来修复。

显然，这会使持续构建服务器再次开始发送成功邮件。大家都放松下来。构建成功通过。每个人都忘记了"稍后"要修复的大量失败测试。最终，残破的系统上线了。

4.5　站会

多年来，人们对"每日 Scrum"（Daily Scrum）或"站会"有很多困惑。现在让我来消除所有的困惑。

以下内容对于站会都是成立的。

- 该会议是可选的。许多团队不开这个会也会过得挺好。
- 不一定每天都开。选择合理的时间间隔。
- 即使是大型团队，也只花 10 分钟左右。
- 该会议遵循一个简单的议程。

基本思路是团队成员站成[1]一圈，并回答 3 个问题：

（1）上次会议之后我做了什么？

（2）下次会议之前我将做什么？

（3）什么阻碍了我？

---

1 这就是它被称为"站会"的原因。

就这么多。不要讨论，不要装腔作势，不要深入解释，不要藏着掖着或带情绪的表达，也不要发牢骚或八卦。每个人都有 30 秒左右的时间来回答这 3 个问题。然后会议结束，大家都回去干活。这样就结束了。完事了。懂了吗？

沃德的维基页面上的"Stand Up Meeting"词条可能是对站会的最佳描述。

4.5.1　猪和鸡？

我就不在这里重复火腿与鸡蛋的故事了，有兴趣的读者可以查一下维基百科[1]。故事的中心思想是：只有开发人员才能在站会上讲话，经理和其他人可以旁听，但不应插话。

在我看来，只要每个人都遵循 3 个问题的格式，并且会议保持在大约 10 分钟，我其实不在乎谁讲话。

4.5.2　公开表示认可

我喜欢的一种改版是添加可选的第四个问题：

- 你想要感谢谁？

这仅仅是对某人的快速感谢，比如有谁帮助过你，或者有谁做过你认为值得认可的事情。

4.6　结论

敏捷是一组原则、实践和纪律，帮助小型团队构建小型软件项目。本章中描述的实践有助于小型团队表现得像真正的团队一样。它们帮助团队建立交流的语言，使团队成员对彼此、对正在构建的项目的期望一致。

---

1 参见维基百科上的"The Chicken and the Pig"词条。

第 5 章

技术实践

与过去 70 年间大多数程序员的做法相比，本章描述的实践有着根本的区别。它们强制进行大量的分钟级甚至秒级、深刻的、充满仪式感的行为，以至于大多数程序员初次接触时都会觉得荒唐。于是许多程序员做敏捷时尝试去掉这些实践。然而他们失败了，因为这些实践才是敏捷的核心。没有测试驱动开发、重构、简单设计及结对编程的敏捷只是虚有其表，起不到作用。

5.1　测试驱动开发

测试驱动开发是一个足够复杂的话题，需要一整本书才能讲完。本章仅仅是一个概览，主要讨论使用该实践的理由和动机，而不会在技术方面进行深入的讨论。特别说一下，本章不会出现任何代码。

程序员是一个独特的职业。我们制造了大量文档，其中包含深奥的技术性神秘符号。文档中的每个符号都必须正确，否则就会发生非常可怕的事情。一个符号错误可能造成财产和生命损失。还有什么行业是这样的？

会计。会计师也制造了大量文档，其中也包含深奥的技术性神秘符号。而且文档中的每个符号都必须正确，否则就可能造成财产甚至生命损失。那么会计师是如何确保每个符号都正确的呢？

5.1.1　复式记账

会计师们在 1000 年前发明了一条法则，并将其称为复式记账。每笔交易会写入账本两次：在一组账户中记一笔贷项，然后相应地在另一组账户中记为借项。这些账户最终汇总到收支平衡表文件中，用总资产减去总负债和权益。差额必须为零。如果不为零，肯定就出错了。[1]

从一开始学习，会计师就被教会一笔笔地记录交易并在每一笔交易记录后立即平衡余额。这使他们能够快速地发现错误。他们被教会避免在两次余额检查之间记录多笔交易，因为那样会难以定位错误。这种做法对于正确地核算资金至关重要，以至于它基本上在全世界都成了法规。

测试驱动开发是程序员的相应实践。每个必要的行为都输入两次：一次作为测试，另一次作为使测试通过的生产代码。两次输入相辅相成，正如负债与资产的互补。当测试代码与生产代码一起执行时，两次输入产出的结果为零：失败的测试数为零。

学习 TDD 的程序员被教会每次只添加一个行为——先写一个失败的测试，然后写恰好使测试通过的生产代码。这允许他们快速发现错误。他们被教会避免写一大堆生产代码，然后再添加一大堆测试，因为这会导致难以定位错误。

复式记账与 TDD 这两种纪律是等效的。它们都具有相同的功用：在极其重要的文档中避免错误，确保每个符号都正确。尽管编程对社会来说已经必不可少，但我们还没有用法律强制实施 TDD。可是，既然编写糟糕的软件已经造成了生命财产损失，立法还会远吗？

---

1 如果你学过会计，可能已经怒发冲冠了。是的，这是一个粗略的简化。但是，如果我只用一段话来概括 TDD，所有程序员估计也会怒发冲冠的。

5.1.2　TDD 三规则

TDD 可以描述为以下 3 条简单的规则。

- 先编写一个因为缺乏生产代码而失败的测试，然后才能编写生产代码。
- 只允许编写一个刚好失败的测试——编译失败也算。
- 只允许编写刚好能使当前失败测试通过的生产代码。

有一点编程经验的程序员可能会觉得这些规则太离谱了，就差说愚蠢至极了。它们意味着编程的周期或许只有 5 秒。程序员先为不存在的生产代码写一些测试代码，这些测试几乎立即编译失败，因为调用了不存在的生产代码中的元素。程序员必须停止编写测试并开始编写生产代码。但是敲了几下键盘之后，编译失败的测试现在竟然编译成功了。这迫使程序员又回去继续添加测试。

每几秒钟就在测试与生产代码之间切换一次，这个循环会对程序员的行为形成有力的约束。程序员再也不能一次写完整个函数，甚至不能一次写完简单的 if 语句或 while 循环。他们必须编写"刚好失败"的测试代码，这会打断他们"一次写完"的冲动。

大多数程序员最初会认为这会扰乱他们的思路。三规则一直打断他们，使他们无法静心思考要编写的代码。他们经常觉得三规则带来了难以容忍的骚扰。

然而，假设有一组遵循三规则的程序员。随便挑一个程序员，该程序员的所有工作内容都在一分钟之前执行并通过全部测试。无论何时你选择何人，一分钟之前所有内容都是可工作的。

5.1.3 调试

一分钟之前所有内容**总是**可工作的意味着什么？还需要多少调试工作？如果一分钟之前所有内容都能工作，那么几乎你遇到的任何故障都还没超过一分钟。调试上一分钟才引入的故障通常是小事一桩，根本不需要动用调试器来寻找问题。

你熟悉使用调试器吗？你还记得调试器的快捷键吗？你能全凭肌肉记忆自动地敲击快捷键来设置断点、单步调试、跳入跳出吗？在调试的时候，你觉得自己饱受摧残吗？这并不是一个令人心仪的技能。

熟练掌握调试器的唯一方法就是花大量时间进行调试。花费大量时间进行调试意味着总是存在很多错误。测试驱动开发者并不擅长操作调试器，因为他们不经常使用调试器，即便要用，通常也只花费很少的时间。

我不想造成错误的印象。即使是最好的测试驱动开发者，仍然会遇到棘手的 bug。毕竟我们开发的是软件，软件开发仍然很难。但是通过实践 TDD 的 3 条规则，就可以大大降低 bug 的发生率和严重性。

5.1.4 文档

你是否集成了第三方软件包？它可能来自一个 zip 文件，其中包含源代码、DLL、JAR 文件等。压缩包中可能有集成说明的 PDF 文件，PDF 的末尾可能还有一个丑陋的附录，其中包含所有代码示例。

在这样一份文档中，你首先阅读的是什么？如果你是一名程序员，你可能立即直接跳到最后去阅读代码示例，因为代码可以告诉你事实。

当遵循三规则时，你编写出的测试最终将成为整个系统的代码示例。如果你想知道如何调用 API 函数，测试集已经以各种方式调用该函数，并捕获其可能引发的每个异常。如果你想知道如何创建对象，测试集已经以各种方式创建该对象。

测试是描述被测系统的一种文档形式。这份文档以程序员熟练掌握的语言编写。它毫无含混性，它是严格可执行的程序，并且一直与应用程序代码保持同步。测试是程序员的完美文档：它本身就是代码。

而且，测试本身并不能相互组合成一个系统。这些测试彼此之间并不了解，也并不互相依赖。每个测试都是一小段独立的代码单元，用于描述系统一小部分行为的方式。

5.1.5　乐趣

如果你曾事后补写测试，你就应该知道，那不太好玩。因为你已经知道代码可以工作，你已经手工测试过。你之所以还要编写这些测试，只是因为有人要求你必须这样做。这给你平添了很多工作量，而且很无聊。

当你遵循三规则先写测试时，这个过程就变得很有趣。每个新的测试都是一次挑战。每次让一个测试通过，你就赢得了一次小的成功。遵循三规则，你的工作就变成了一连串小挑战和小成功。这个过程不再无聊，它让人有达成目标的成就感。

5.1.6 完备性

现在让我们回到事后补写测试的方式。尽管你已经手动测试了系统并且已经知道它可以工作，但你还是被迫编写这些测试。毫无意外，你编写的每个测试都会通过。

你不可避免地会遇到难以编写的测试。难是因为在编写代码时，你并未考虑过可测试性，也并未将代码设计得可被测试。你必须首先修改代码结构才能编写测试，包括打破耦合、添加抽象、调换某些函数调用和参数。这感觉很费力，尤其你已经知道那些代码是可以工作的。

日程安排得很紧，你还有更紧迫的事情要做。因此，你将测试搁置在一旁。你说服自己：测试不是必需的，或者可以稍后再写。于是，你在测试套件中留下了漏洞。

你已经在测试套件中留下了漏洞，而且你怀疑其他人也都会这么做。当你执行测试套件并通过测试时，你笑而不语、云淡风轻地摆摆手，因为你知道测试套件通过并不意味着系统就可以正常工作。

当这样的测试套件通过时，你将无法做出决定。测试通过后给出的唯一信息是，被测到的功能都没有被破坏。因为测试套件不完整，所以它无法给你有效的决策支持。但是，如果遵循三规则，每行生产代码都是为了通过测试而编写的。因此，测试套件非常完整。当它通过时，你就可以决定：系统可以部署。

这就是目标。我们想要创建一套自动化测试，用来告诉我们部署系统是安全可靠的。

再说一遍，我不想造成假象。遵循三规则可以给你提供一套非常完备的测试套件，但可能并非 100%完备。这是因为三规则在某些情形下并不实用。这些情形超出了本书的讨论范围，只能说它们数量有限，而且有一些方案可以解决。简单的结论就是，就算你无比勤勉地遵循三规则，也不太可能产出 100%完备的测试套件。

但是并不一定要 100%完备的测试才能决定部署。90%多、接近 100%的覆盖率已经足够了，而这种程度的完备性是绝对可以实现的。

我创建过非常完备的测试套件，基于这样的测试套件我可以放心地做出部署决定。我见过其他许多人也这么做。虽然完备度没有达到 100%，但已经足够高了，可以决定部署了。

警告

　　测试覆盖率是团队的指标，而不是管理的指标。管理者不太可能理解这个指标的实际含义。管理人员不应将此指标当作目标。团队应仅将其用于观察测试策略是否合理。

再次警告

　　不要因为覆盖率不足而使构建失败。如果这样做，程序员将被迫从测试中删除断言，以达到高覆盖率。代码覆盖是一个复杂的话题，只有在对代码和测试有深入了解的情况下才能理解。不要让它成为管理的指标。

5.1.7　设计

还记得那些难以事后补写测试的函数吗？难是因为它与别的行为耦合在一起，而你不希望在测试中执行那些行为。例如，你想测试的函数可能会打开 X 光机，或者从数据库中删除几行。难，是因为你没有将函数设计成易于测试的样子。你先写代码，事后才去考虑怎么写测试。当你写代码时，可测性恐怕是最不会从你脑海中浮现的东西。

现在你面临重新设计代码以便于进行测试的情况。你看了一下手表，意识到写测试这事已经花了太长时间。由于你已经进行了手工测试，你知道代码是可以工作的，于是你放弃了，在测试套件中又留下了一个漏洞。

但是，如果你先写测试，事情就截然不同。你无法写出一个难以测试的函数。由于要先写测试，你自然地将被测函数设计成易于测试的样子。如何保持函数易于测试？解耦。实际上，可测性正是解耦的同义词。

通过先写测试，你将以此前从未想过的方式解耦系统。整个系统将是可测试的，所以整个系统也将被解耦。

正因如此，TDD 经常被称为一种设计技巧。三规则强迫你达成更高程度的解耦。

5.1.8　勇气

到目前为止我们已经看到，遵循三规则可以带来许多强大的好处：更少的调试，高质量的详细文档，有趣、完备的测试，以及解耦。但是，这些只是附带的好处，都不是实践 TDD 的真正动力。真正的原因是勇气。

我在本书开头的故事里已经说过了，但值得再重复一遍。

想象你正在电脑屏幕前看着一些旧代码。你的第一个念头是："这段代码写得太差劲了，我应该清理一下。"但下一个念头是："我不想碰它！"因为你知道，如果碰了这段代码，你会把软件搞坏，然后这段代码就成了你的代码。所以你躲开了那段代码，任其溃烂腐化。

这就是一个恐惧的反应。你恐惧代码，你恐惧触碰它，你恐惧万一改坏的后果。所以，你没能做到改进代码，你没能清理它。

如果团队中的每个人都如此行事，那么代码必然烂掉。没有人会清理它。也没有人会改善它。每次新增功能时，程序员都尽量减少"马上出错"的风险。为此，他们引入了耦合和重复，尽管明明知道耦合和重复会破坏代码的设计和品质。

最终，代码将变成一坨可怕的、无法维护的意大利面条，几乎无法在上面做任何新的开发。估算将呈指数级增长。管理者将变得绝望。他们会招聘越来越多的程序员，希望他们的加入能提高生产力，但这绝不会实现。

最终，管理人员在绝望中同意了程序员的要求，即从头开始重写整个系统，再次开始这个轮回。

想象另一个不同的情景。回到充满混乱代码的屏幕前。你首先想到的是清理它。如果你有一个完备的测试套件，当测试通过时你可以信任它，结果会怎样？如果测试套件运行得很快，结果又会怎样？你接下来的想法是什么？应该会是这样：

　　天哪，我应该重命名那个变量。啊，测试通过了。好，现在我将那个大函数拆成两个小一点的函数……漂亮，测试仍然通过……好，现在我想将一个新函数移到另一个类中。哎呀！测试失败了。赶紧把这个函数放回去……啊，我知道了，那个变量也需要跟着一起搬移。是的，测试仍然通过……

当你拥有完备的测试套件时，你就不会再恐惧修改代码，不会再恐惧清理代码。因此，你将清理代码。你将保持系统整洁有序。你将保持系统设计完好无损。你不再制造令人恶心的意大利面条，不再使团队陷入生产力低下和最终失败的低迷状态。

这就是我们实践 TDD 的原因。我们之所以实践它，是因为它给了我们勇气，去保持代码整洁有序。它给了我们勇气，让我们表现得像一个专业人士。

5.2　重构

重构又是一个需要整本书来描述的主题。[1]幸运的是，马丁·福勒已经写完了这本精彩的书。本章中，我只讨论纪律，不涉及具体技术。同样，本章不包含任何代码。

重构是改善代码结构的实践，但并不改变由测试定义的行为。换句话说，我们在不破坏任何测试的情况下对命名、类、函数和表达式进行修改。我们在不影响行为的情况下改善系统的结构。

当然，这种做法与 TDD 紧密相关。我们需要一组测试套件才能毫无恐惧地重构代码，测试套件可以使我们完全不担心会破坏任何东西。

从细微的美化到深层次的结构调整，重构期间进行的修改种类繁多。修改可能只是简单地重命名，也可能是复杂地将 switch 语句重组为多态分发。大型函数被拆分为较小的、命名更佳的函数。参数列表被转为对象。包含许多方法的类被拆分成多个小类。函数从一

1　Fowler, M. 2019. *Refactoring: Improving the Design of Existing Code*, 2nd ed. Boston, MA:Addison-Wesley。
（编者注：中译本书名《重构：改善既有代码的设计（第 2 版）》。）

个类搬移到另一个类中。类被提取为子类或内部类。依赖关系被倒置，模块在架构边界之间来回搬移。

并且，在进行所有这些修改时，测试始终保持通过的状态。

5.2.1　红–绿–重构

在 TDD 三规则的基础上再结合重构过程，就是广为人知的"红–绿–重构"的循环（如图 5-1 所示）。

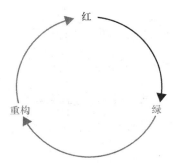

图 5-1　红–绿–重构的循环

（1）创建一个失败的测试。

（2）使测试通过。

（3）清理代码。

（4）返回步骤 1。

我认为，编写可用的代码与编写整洁的代码是编程的两个不同维度。尝试同时控制这两个维度很困难，可能无法达成，因此我们将这两个维度分解为两种不同的活动。

换句话说，让代码正常工作都很难，更不用说使代码整洁了。因此，我们首先聚焦于以粗劣的想法草草地使代码工作起来。然后，一旦代码工作起来且通过测试，我们就开始清理那一团脏乱差的代码。

这清晰地表明重构是一个持续的过程，而不是定期执行的过程。我们不会留下一大摊脏乱差的代码，然后好多天以后才尝试清理它。相反，我们在一两分钟内制造了一团非常小的混乱，然后就立即清理这团小混乱。

重构一词永远不应出现在时间表上。重构活动也不应该出现在项目的计划中。我们不为重构预留时间。重构是我们每分钟、每小时软件开发活动中不可分割的一部分。

5.2.2 大型重构

有时，这种情况的需求变更会使你意识到，系统当前的设计和架构并非最优，于是需要对系统的结构进行重大修改。这种修改同样纳入红-绿-重构循环内。我们不会专门建一个项目来修改设计。我们不会在时间表中为此类大型重构预留时间。相反，我们一次一小步地迁移代码，同时继续按照正常的敏捷周期添加新功能。

这样的设计修改可能需要几天、几周甚至几个月的时间。在此期间，即使设计转型并未全部完成，系统仍会持续地通过所有测试，并且可以部署到生产环境中。

5.3 简单设计

简单设计实践是重构的目标之一。简单设计的意思是：仅编写必要的代码，使得程序结构保持最简单、最小和最富表现力。

肯特·贝克的简单设计规则如下。

（1）所有测试通过。

（2）揭示意图。

（3）消除重复。

（4）减少元素。

序号既是执行顺序又是优先级。

第 1 点不言而喻。代码必须通过所有测试。代码必须能工作。

第 2 点指出，在代码工作起来之后，还应使其具备表现力。它应该揭示程序员的意图，应该易于阅读和自我表达。在这一步里，我们运用各种比较简单、以修饰为主的重构手法。我们还将大函数拆分为较小的、命名更佳的函数。

第 3 点指出，在使代码尽可能具备描述性和表现力之后，我们将寻找并消除代码中所有的重复内容。我们不希望一件事在代码中重复好几遍。活动期间，重构通常更加复杂。有时消除重复很简单，就是将重复代码移入一个函数中然后在许多地方调用它。另一些情况下，重构需要更有趣的解决方案，例如一些设计模式[1]：模板方法（Template Method）模式、策略（Strategy）模式、装饰（Decorator）模式或访问者（Visitor）模式。

第 4 点指出，一旦消除了所有重复项，我们应努力减少结构元素，例如类、函数、变量等。

简单设计的目标是，只要可能，尽量降低代码的设计重量。

---

1 设计模式超出了本书的范围。相关内容参阅埃里克·伽玛（Erich Gamma）、理查德·海尔姆（Richard Helm）、拉夫·约翰逊（Raph Johnson）和约翰·弗利塞德斯（John Vlissides）的《设计模式：可复用面向对象软件的基础》（*Design Patterns: Elements of Reusable Object-Oriented Software*）。

设计的重量

软件系统的设计有非常简单的，也有极度复杂的。设计越复杂，程序员的认知负担就越大。认知负担就是设计的重量。设计越重，程序员理解和操控系统花费的时间和精力就越多。

同样，需求也有不同的复杂度，有些不太复杂，而有些非常复杂。需求的复杂度越大，就要花费更多的时间和精力来理解和操控系统。

但是，这两个因素并非叠加关系。通过采用更复杂的设计，可以简化复杂的需求。通常，这种权衡取舍是划算的：为现有功能选择适当的设计，可以降低系统的整体复杂性。

达到设计与功能复杂度之间的平衡是"简单设计"的目标。通过这种实践，程序员可以不断地重构系统的设计，使其与需求保持平衡，从而使生产力最大化。

5.4 结对编程

多年来，结对编程的实践引起了大量争议和误解。两人（或更多人）可以一起解决同一问题，而且相当有效——很多人对这个概念嗤之以鼻。

首先，结对是可选的。不要强迫任何人结对。其次，结对是间歇性的。有很多很好的理由支持独自编写代码。团队应该有大约50%的时间在结对。这个数字并不重要，它可能低至30%或高达80%。在大多数情况下，这是个人和团队的选择。

5.4.1 什么是结对

结对是两个人共同解决同一个编程问题。结对的伙伴可以在同一台电脑上一起工作，共享屏幕、键盘和鼠标。或者他们也可以在两台相连的电脑上工作，只要他们能看到并操控相同的代码即可。后一种选择可以很好地配合流行的屏幕共享软件使用，使不在一地的伙伴也能结对编程，只要双方有良好的数据和语音连接即可。

结对的程序员有时分饰不同角色。其中一个可能是"驾驶员"，另一个是"导航员"。"驾驶员"手持键盘和鼠标，"导航员"则眼观六路并提出建议。另一种配合的方式是：一个人先编写一个测试，另一位编码让测试通过，再编写下一个测试，交还给第一位程序员来实现。有时这种结对方式被称为乒乓（Ping-Pong）。

不过，更多时候，结对时没有明确的角色划分。两位程序员是平等的作者，以合作的方式共享鼠标和键盘。

结对不需要事先安排，根据程序员的喜好形成或解散搭档。管理者不应尝试用结对时间表或结对矩阵之类的工具强制要求结对。

结对通常是短暂的。一次结对最长可能持续一天，但更常见的是不超过一两小时。甚至短至 15～30 分钟的结对也是有益的。

故事不是分配给结对伙伴的。单个的程序员（而不是一对搭档）要对故事的完成负责。完成故事所需的时间通常比结对时间更长。

在一周内，每个程序员的结对时间有一半是花在自己的任务上，并得到了结对伙伴的帮助；另一半的结对时间则是花在帮助他人完成任务上。

对于资深程序员来说，与初学者结对的次数应该超过与其他资深者结对的次数。同样，对于初学者来说，向资深程序员求助的次数应该多于向其他初学者求助的次数。具备特殊技能的程序员应经常与不具备该技能的程序员一起结对工作。团队的目标是传播和交换知识，而不是使知识集中在少数人手里。

5.4.2　为什么结对

通过结对，我们能表现得像一个团队。团队成员不能彼此孤立地工作。相反，他们以秒为单位进行协作。当一个团队成员倒下，其他团队成员会掩护他留下的漏洞，并不断朝着目标推进。

到目前为止，结对是团队成员之间共享知识并防止形成知识孤岛的最佳方法。要确保团队中没有人不可或缺，结对是最佳的方法。

许多团队报告说，结对可以减少错误并提高设计质量。在大多数情况下，这应该是真实的。通常，最好有不止一人正关注着要解决的问题。事实上，许多团队已经用结对代替了代码评审。

5.4.3　结对当作代码评审

结对是一种代码评审的形式，但又比一般的代码评审方式优越得多。结对的两人在结对期间是共同作者，他们当然会阅读并评审旧代码，但其真正的目的是编写新代码。因此，评审不仅仅是为了确保套用团队的编码规范而进行的静态检查。相反，它是对代码当前状态的动态回顾，着眼于在不久的将来代码的去处。

5.4.4　代价几何

结对的成本难以衡量。最直接的代价是两人共同处理一个问题。显然，这不会使解决问题的工作量加倍；但是，它可能确实需要一些代价。各种研究表明，直接成本可能约为 15%。换句话说，采用结对的工作方式时，需要 115 位程序员来完成不结对时 100 个人的工作量（不包括代码评审）。

粗略的计算表明，结对时间为 50% 的团队在生产力方面付出的代价不到 8%。另外，如果结对实践代替了代码评审，那么很可能生产力根本不会降低。

然后，我们必须考虑交叉培训对于知识交流和紧密合作的好处。这些收益不容易量化，但可能会非常重要。

我和许多其他人的经验是，如果不作正式要求，而由程序员自行决定，结对对整个团队非常有益。

5.4.5　只能两人吗

"结对"一词暗示着一次结对只涉及两个程序员。尽管通常是这样的，但这不是死规定。有时 3 人、4 人或更多人决定共同解决某个问题。（同样，这也是由程序员决定的。）这种形式有时也被称为"聚众式编程"（mob programming）。

5.4.6　管理

程序员常常担心管理者会反感结对，甚至可能要求中止结对、停止浪费时间。我从未见过这种情况。在我编写代码的半个世纪中，我从未见过管理者如此细节地干预。通常以我的经验，管理者很高兴看到程序员进行协作和合作，这给人以工作正在取得进展的印象。

但是，如果你作为管理者，因为担心结对效率低而倾向于干预，那么请放心，让程序员们自行解决这个问题。毕竟，他们是专家。如果你是一名程序员，而你的管理者告诉你中止结对，请提醒管理者：你自己才是专家，因此你必须对你自己的工作方式负责，而不是由管理者来负责。

最后，永远、永远不要请求管理者允许你结对，或测试，或重构，或者……你是专家。你决定。

5.5 结论

敏捷的技术实践是任何敏捷工作中最本质的组成部分。任何敏捷实践导入的尝试，如果不包含技术实践，就注定会失败。原因很简单，敏捷是一种有效的机制，它可以使人在匆忙中制造出大混乱。如果没有保持高技术质量的技术实践，团队的生产力将很快受阻，并陷入不可避免的死亡螺旋。

第 6 章

成就敏捷

当我第一次了解到 XP 时，我在想："还有什么能比这个更容易呢？只需遵循一些简单的纪律和实践即可。一点儿也不费事。"

但是，那么多的组织尝试变得敏捷却失败了。有那么多的失败案例，想必敏捷一定非常非常困难吧？又或许，那么多组织之所以失败，是因为他们以为的敏捷其实并不是敏捷？

6.1 敏捷的价值观

肯特·贝克很久以前就提出了敏捷的 4 个价值观：勇气、沟通、反馈和简单。

6.1.1 勇气

第一个价值观是勇气——换句话说，就是在合理范围内敢于冒险。敏捷团队的成员并不太关注公司政治意义上的"安全"，那会导致牺牲质量和机会。他们意识到，长期来看，管理软件项目的最佳方法是具备一定程度的侵略性。

勇气和鲁莽是有区别的。部署最小的功能集需要勇气。维护高质量的代码和高质量的纪律需要勇气。但是，部署你自己都没有信心的代码，或者设计不具可持续性的代码，这就是鲁莽。通过牺牲质量来遵守时间表就是鲁莽。

质量和纪律会提高速度，这是一种信念。强势但幼稚的人们在面对时间压力时会不断挑战这种信念，因此坚持正确的信念需要勇气。

6.1.2 沟通

我们重视直接、频繁、跨渠道的沟通。敏捷团队成员希望彼此交谈。程序员、客户、测试人员和管理人员希望坐在一起并经常互动，而不仅仅是开会时才互动。不只是通过电子邮件、聊天工具和备忘录交流。相反，他们重视面对面、非正式的人际对话。

这就是凝聚团队的方式。在快速、混乱、非正式的、风暴式的频繁互动中，灵光会突然乍现，人们会有意外的收获。坐在一起并经常交流的团队可以创造奇迹。

6.1.3 反馈

我们所研究的各种敏捷纪律，实际上都是为了向重大决策的制定者提供快速反馈。计划游戏、重构、测试驱动开发、持续集成、小步发布、代码集体所有、完整团队等实践最大化反馈的频率和数量。当出现问题时，我们能够及早识别、及时纠正。这些实践让人们看到此前决策的效果并从中学习经验教训。敏捷团队因反馈而健壮。反馈使团队高效工作，而且促使项目取得有益成果。

6.1.4 简单

敏捷的下一个价值观是简单——换句话说就是直截了当。经常有人说，软件中的每个问题都可以通过添加间接层来解决。但是勇气、沟通和反馈的价值观会确保问题的数量被削减到最小。因此，间接也可以保持在最少。解决方案可以保持简单。

这不仅适用于软件，同时也适用于团队。被动攻击型行为就是不直接的表现。如果你发现了问题但一声不吭地将问题传给了别人，你就采取了不直接的行为。如果你明知后果严重却仍然同意经理或客户的要求，你就采取了不直接的行为。

简单就是直接——代码写得直截了当，沟通和行为也直截了当。在代码中，一定数量的间接访问是必要的。间接机制可以减少相互依赖带来的复杂性。在团队中，几乎不需要间接。大多数时候，你希望尽可能直接。

保持代码简单。保持团队更简单。

6.2　怪物博物馆

敏捷方法如此之多，很容易把人搞晕。我给读者的建议是：别管这个琳琅满目的怪物博物馆。不论你选择哪种方法，最终还是要根据自己的需要来调适。因此，不论是从 XP、Scrum 还是其他 5328 种敏捷方法开始，最后都是殊途同归。

我能给你的最强烈的建议，就是导入完整的生命之环，特别要包含技术实践。太多的团队只导入了外圈的业务环，然后发现自己掉进了陷阱，马丁·福勒称之为"疲软的 Scrum"（Flaccid Scrum）。这种病症表现为：项目早期的高生产力随着项目的进行而缓慢下降，直至生产力变得非常低。生产力大量流失的原因在于代码本身的腐坏和恶化。

事实证明，如果不与敏捷的技术实践相结合，敏捷的业务实践可以高效地搞出一大堆垃圾。而且，如果你在构造软件时不在乎结构的整洁，那堆乱七八糟的垃圾将会严重拖慢你的脚步。

因此，你可以选择其中任何一种方法，或者干脆全都不选，只要确保遵守了生命之环中的所有纪律就好。与团队达成共识，然后就动手去做吧。记住勇气、沟通、反馈、简单这 4 个价值观，定期调整纪律与行为。不要请求许可。不要强调"正确的敏捷"。有问题出现就解决问题，持续地驱动项目达至最佳成果。

6.3 转型

从非敏捷到敏捷的转型是一场价值观的转变。敏捷开发的价值观包括敢于冒险、快速反馈、热情、人与人之间跨越障碍和指挥结构的频密沟通。它们还专注于直奔目标前进，而不是划地盘、争权夺利。这些价值观与大型组织的价值观截然相反，很多大型组织重金投入的中层管理结构更重视安全性、一致性、命令与控制以及遵循计划。

是否有可能将这样的组织转型为敏捷组织？坦率地说，我在这方面并不是很成功，我也没有从其他人那里看到太多成功。我看到了大量的努力和金钱投入，但很少看到组织真正实现了转型。价值观结构差异太大，以至于中层管理者很难接受。

我看到的是团队和个人的转变，因为指导团队和个人的价值观经常与敏捷相一致。

讽刺的是，高管们经常也被冒险、直接、沟通等敏捷价值观所驱动。这是他们试图转变其组织的原因之一。

障碍是位于中间的管理层。这些人的工作就是不冒险、避免直接、以最低限度的沟通来服从和执行指挥链。这就是组织上的两难境地。组织的顶层和底层都认同敏捷思维，但中间层却反对它。我没有见过中间层做出改变。事实上，他们怎么可能改变呢？他们的工作就是抵制这类改变。

为了把这一点讲清楚，让我讲几个故事。

6.3.1　耍花招

早在 2000 年我参与的一次敏捷转型中，我们得到了高管和程序员的支持。人们充满了希望和热情。问题出在技术主管和架构师们身上。这些人错误地推测：他们的角色将被削弱。

架构师、技术主管、项目经理以及其他许多角色在敏捷团队里确实会有所改变，但并非会被削弱。不幸的是，这些人看不到这一点，这也许是我们的错。或许是我们没有沟通好他们的角色对团队来说有多宝贵，又或者他们只是不愿意学习所需的新技能罢了。

这帮人密谋破坏敏捷转型。详情不提。我只能说，他们被抓了个现行，就地解雇。

我多么想报告说，敏捷转型随后快速推进并取得了巨大成功。但我不能这么说。

6.3.2　幼狮

在一家规模大得多的公司里，一个部门非常成功地转型了。他们导入了极限编程，年复一年地取得优异的成绩，并因此登上了《计算机世界》（*Computer World*）杂志。事实上，正因为所有这些成功事迹，领导转型的工程副总裁升职了。

然后新的副总裁接任了。就如同新雄狮乍获荣光，新任副总裁去除前任的一切影响，包括敏捷在内。团队退回到过去那种很不像样的开发过程。

这导致团队中很多人开始找工作——我相信这正中了新任副总裁的下怀。

6.3.3　哭泣

最后一个故事是道听途说的。我未能亲眼见证那个关键时刻，是我的员工报告给我的。

2003 年，我的公司参与了一家知名股票经纪公司的敏捷转型。一切进展顺利。我们培训了高管、中层经理和开发人员。他们干劲十足。一切都很好。

然后，到了项目总结的时候。高管、中层经理和开发人员聚集在一个大礼堂，他们的目标是评估敏捷转型的进展和成功。高管们问道："进展如何？"

各方参与者答道："非常顺利。"

房间里沉寂了一会儿，突然，后排某个人的哭声打破了寂静。然后，人们的情绪支撑碎裂了，房间里的积极气氛崩塌了。"这太难了。"人们说道，"我们坚持不住了。"

于是，高管叫停了转型。

6.3.4　寓意

在我看来，这些故事有着同一个寓意："做好准备，在敏捷转型中可能会有奇怪的事情发生。"

6.3.5　假装

如果中层管理者强大且反对敏捷，那么敏捷团队还能存在于组织中吗？我曾经见过这种情况。一些软件开发团队悄悄地使用敏捷价值来驱动他们的开发，同时还遵守中层管理者对其施加的严格要求。只要中层管理者对遵循过程和标准感到满意，他们有可能听任开发团队自行其是。

这就是布奇和帕纳斯所说的"假装"。[1] 团队暗地里开展敏捷，同时满足中层管理者的一切要求。这些团队没有与中层管理人员进行徒劳的战斗，而是在敏捷之上多放置了一层，使敏捷在中层管理者看来是安全的。

例如，中层管理者可能希望在项目初期获得一份分析文档。敏捷团队使用所有的常规敏捷纪律，已经编写了很多代码。同时，他们专门安排了一系列文档故事，来编写管理者想要的分析文档。

这是合理的，因为前几次迭代主要关注需求分析。只有实际编写代码才能完成分析，但中级管理者不需要知道这一点，他们也不需要关心这个。

遗憾的是，我也见过一些机能失调的组织：中层管理者发现团队在"假装"时，他们会以为团队在耍花招，并很快禁止了敏捷纪律。这真是令人深感遗憾，因为这些团队实际上是在提供中层管理者需要的东西。

6.3.6　在更小的组织中成功

我已经看到一些中型组织采用了敏捷。他们的中间管理层比较扁平，中层管理者是从基层干起来的，并且仍然保持着直截了当、敢于冒险的精神。

---

1 Booch, G. 1994. *Object-Oriented Analysis and Design with Applications*, 2nd ed. Reading, MA: Addison-Wesley, p. 233-234.（编者注：中译本书名为《面向对象分析与设计（原书第 2 版）》。）

完全转型到敏捷的小型组织并不少见。他们没有中层管理者，高管和开发人员的价值观高度一致。

6.3.7　个人成功和迁移

最后，有时候组织中只有部分人会接纳敏捷价值观。在尚未接纳的组织或团队中，推动转型的个人难以发光发热。价值观差异通常会导致某种割裂。最好的情况是，推动转型的人们联合组建新的敏捷团队，并设法瞒住中层管理者。如果做不到，他们很可能会跳到价值观一致的公司工作。

实际上，在过去的 20 年中，我们见证了行业中的价值观迁移。拥抱敏捷价值观的新公司不断形成，渴望以敏捷方式工作的程序员则竞相加入这些公司。

6.3.8　创建敏捷组织

能否创建出允许敏捷团队蓬勃发展的大型组织？当然能！但是，请注意用词是创建而非转型。

当年 IBM 决定生产个人电脑的时候，公司高管意识到组织的价值观并不允许快速创新和冒险。因此，他们以不同的价值结构创建了一个新的组织。[1]

我们在软件世界中见过这种情况吗？老旧的大型组织会不会为了采用敏捷而创建较小的软件组织？我隐约见过一些线索，但一时还想不出任何公开的例子。我们当然已经看

---

1 IBM 个人电脑的诞生，参见 IBM 官方网站。

到许多初创公司采用了敏捷。我们还看到,大型的、非敏捷的公司在雇佣许多敏捷的咨询公司,因为雇主公司希望更快、更可靠地完成某些软件项目。

　　以下是我的预测:我们最终将看到,大型公司在内部创建新部门,以便采用敏捷方式进行软件开发;我们还将看到,大型组织在无法转变现有开发团队的情况下,会越来越多地雇佣采用敏捷方法的咨询公司。

6.4　教练辅导

　　敏捷团队需要教练吗?简短的答案是"不"。稍长一点的答案是"有时候"。

　　首先,我们需要区分"敏捷培训师"和"敏捷教练"。敏捷培训师教团队如何自行实践敏捷,他们通常是从公司外部聘用或者是团队之外的内部培训师。他们的目标是灌输敏捷价值观及传授敏捷纪律。他们的任期应该很短。10 名左右开发人员的团队需要的培训时间不应该超过一到两周。无论培训师说了什么、做了什么,他能传授的东西都有限,团队必须自己去学习其他需要学习的一切。

　　在团队转型的早期,培训师可能会临时充当教练的角色,但这只是临时的情况。这个角色应该尽快从团队内部选出来。

　　通常来说,敏捷教练不是培训师。他们是团队的成员,其职责是捍卫团队中的流程。在开发进行得热火朝天时,开发人员可能会想暂时摆脱流程走走捷径。也许他们会在无意中停止了结对、停止了重构,或者忽略了持续构建中的那些失败。教练的工作就是看到这些现象,并向全团队指出来。教练是团队的良知,总是提醒团队对自己的承诺和一致同意必须秉持的价值观。

这个角色通常在团队成员之间轮换，通常并没有明确的轮换计划，而是会综合考虑团队的需要。一个稳定前进的成熟团队不需要教练。另外，处于压力（不管是交付计划、业务还是人际关系的压力）下的团队，可能会决定要求某人暂时担任教练角色。

教练不是管理者。教练不负责预算或日程。教练既不决定团队的方向，也不在管理层面前代表团队利益。教练不是客户和开发人员之间的联络人。教练的角色完全是团队内部的。经理和客户都不知道教练是谁，甚至不知道目前是否有教练。

Scrum Master

在 Scrum 中，教练被称为 Scrum Master。这个术语的发明，以及它带来的一系列事件，对整个敏捷社区而言既是好事也是坏事。Scrum Master 认证吸引了大量的项目经理。他们的涌入在早期提升了敏捷的流行度，但最终导致教练的角色与项目经理的角色混为一谈。

现在，我们经常看到 Scrum Master 根本不是教练，而只是项目经理，他们做着项目经理一直在做的事情。不幸的是，头衔和认证往往会导致他们对敏捷团队产生过度的影响。

6.5　认证

现有的敏捷认证根本就是个笑话，而且非常荒谬。不要太把证书当回事。认证计划中的培训通常是有价值的；但是，培训不应该集中在某个特定的角色上，而是应该针对团队中的每个人。

例如，某人是"认证 Scrum Master"（CSM）就是一个毫无价值的认证。除了保证此人支付了费用并可能参加了为期两天的课程，认证者不能保证任何事情。认证者尤其不保证新晋的 Scrum Master 会做好教练的工作。这个认证的荒谬之处在于，它暗示"认证 Scrum Master"有某种特别之处。当然，这与教练的概念背道而驰。敏捷教练不是专门被培训来做敏捷教练的。

再说一次，这些认证计划中所附带的培训项目通常没有什么问题。然而，只培训一个特殊的人是愚蠢的做法。敏捷团队的每个成员都需要了解敏捷的价值观和技术。因此，如果团队中有一个成员接受了培训，那么团队中的所有成员都应该接受培训。

真正的认证

真正的敏捷认证项目应该是什么样子的呢？这将是一个持续一学期的课程，包括敏捷培训和有指导的小型敏捷项目开发。这门课程会给学员打分，合格的标准会保持得相当高。认证讲师应该确保学员理解敏捷的价值观，并证明能够高效执行敏捷纪律。

6.6 大型组织中的敏捷

敏捷运动始于 20 世纪 80 年代末。它很快就被认为是一种小团队的组织方法，团队中包含 4～12 名软件开发人员。这些数字并非严格定义，而且很少有人深入探讨为什么是 4～12 人。但是每个人都明白，敏捷（或者 2001 年之前我们称为敏捷的那些东西）不适合数千名开发人员组成的庞大团队。那不是我们试图要去解决的问题。

然而，几乎在一刹那，这个问题被提了出来。大型团队怎么办？大规模的敏捷怎么办？

多年来，很多人试图回答这个问题。早先，Scrum 的作者提出了所谓 "Scrum 的 Scrum"（Scrum-of-Scrums）技术。后来，我们开始看到打上商业品牌的方法，如 SAFe[1]和 LeSS。关于这个主题的几本书也相继出版。

我相信这些方法没有什么错。我也相信这些书写得挺好。不过，我既没有读过这些书，也没有尝试过这些方法。你可能认为我对一个没有研究过的话题发表评论是不负责任的。也许你是对的。不过，我自有我的看法。

敏捷是为中小型团队服务的，就这样。对于中小型团队，敏捷很有效。敏捷从来不是为大型团队设计的。

为什么我们不尝试去解决大型团队的问题呢？很简单，因为 5000 多年来，无数专家致力于解决大型团队的问题。大型团队的问题是所有社会、所有文明共同的问题。并且，从我们现在的文明来看，这个问题我们似乎解决得不错。

怎么建造金字塔？你需要解决大型团队的问题。如何打赢第二次世界大战？你需要解决大型团队的问题。如何把人送到月球上，并把他们安全带回地球？你需要解决大型团队的问题。

大型团队的成就还不止这些，对吧？如何建立电话网、高速公路网、互联网？如何生产 iPhone 或者制造汽车？所有这些都和大型团队有关。我们庞大的、遍布全球文明的基础设施和国防工程，证明我们已经解决了大型团队的问题。

大团队是一个已解决的问题。

---

1 参见维基百科上的 "Scaled Agile Framework" 词条。

小型软件团队的问题才是 20 世纪 80 年代末敏捷运动开始时尚未解决的问题。我们不知道如何有效地组织一个相对较小的程序员团队来提高效率。敏捷解决的正是这个问题。

重点在于，要明白这是一个软件的问题，而不是小团队的问题。几千年前，世界各地的军事和工业组织已经解决了小团队的问题。罗马人如果不解决如何组织"士兵分队"的问题，就不可能征服欧洲。

敏捷是我们组织小型软件团队的一套纪律。为什么需要一种特殊的技术？因为软件的特殊性。很少有与软件开发相似的任务。软件的成本/收益和风险/回报权衡与几乎所有其他类型的工作都不同。软件与建筑有相似之处，但又没有建造任何物理性的东西。软件与数学有相似之处，但又没有什么可以证明的东西。软件和科学一样是经验性的，但又没有物理规律可以发现。软件与会计学也有相似之处，不过它描述的是时序性行为而不是数字事实。

软件真的和其他的行业不一样。因此，为了组织一个小型的软件开发团队，我们需要一组经过专门针对软件开发优化的特殊纪律，来应对其独特性。

回顾一下我们在这本书中讨论过的纪律和实践，你能注意到它们中的每一个都针对软件的独特性进行过调整优化，几乎毫无例外。像测试驱动开发和重构这样的技术实践自不用提，包括计划游戏这样的管理实践，背后微妙的隐含意味同样是专门针对软件开发的。

一言以蔽之：敏捷是关于软件的。尤其是，它是关于小型软件团队的。当人们问我如何将敏捷应用于硬件行业、制造业或其他任务时，我总是感到很困扰。我的答案一直是"我不知道"，因为敏捷是关于软件的。

大规模的敏捷呢？我不认为有大规模敏捷这种事。如何组织大型团队？这个问题的答案就是将其拆分成小团队。敏捷解决了小型软件团队的问题；而"如何将多个小型团队组织成大型团队"的问题是一个已经解决的问题。因此，我对"大型敏捷"这个问题的回答是：将开发人员组织成小型敏捷团队，然后使用标准的管理和运筹学技术来管理这些团队。你不需要任何其他的特殊规则。

现在可以问的问题是，既然面向小团队的软件如此独特，以至于需要我们发明敏捷，为什么这种独特性不适用于将小型软件团队组织成更大的软件团队呢？软件在某些方面的独特性是否不止影响小型团队，还会影响大型团队的组织方式？

我对此表示怀疑，因为 5000 多年前我们已解决的大型团队问题，恰好是让多种不同类型的团队合作的问题。敏捷团队只是在大型项目中需要协调的众多团队之一。多元化团队的整合是一个已经解决的问题。我看不出有迹象表明软件团队的独特性会过分地影响他们组合成更大型的团队。

所以，再说一遍，我的观点可以简单总结成一句话：根本没有所谓的大规模敏捷。敏捷是一种必要的创新，专门用于组织小型软件团队。一旦组织起来，这些团队可以融入大型组织几千年来一直使用的结构中。

再次强调，这不是我致力研究的主题。你刚刚读到的只是我的意见，我可能会错得离谱。也许我只是一个坏脾气的老头，告诉那些玩大规模敏捷的小孩离开我的草坪。时间会证明一切的。但现在你知道我看好哪条路了。

6.7　敏捷工具

蒂姆·奥廷格（Tim Ottinger）和杰夫·兰格（Jeff Langr）主笔，2019 年 4 月 16 日[1]

工匠都能熟练掌握他们的工具。木匠在其职业生涯刚起步时就开始适应锤子、量具、锯子、凿子、刨子和水平尺——都是便宜的工具。随着他们需求的增长，木匠学习并使用更强大（通常也更昂贵）的工具：钻头、钉枪、车床、刨槽机、计算机辅助设计（CAD）和计算机数控设备（CNC）等。

然而，木匠大师们不会放弃手动工具，他们会根据工作需要选择合适的工具。只使用手动工具，熟练的工匠制作出的木艺作品比使用电动工具制作出的质量更高，有时甚至还更快。因此，聪明的木匠在使用更复杂的工具之前，会先精通手动工具。他们学习手动工具的局限性，以便知道何时要使用电动工具。

不管他们使用的是手动工具还是电动工具，木匠总是努力精通自己选入工具箱的每一件工具。这种精通使他们能够专注于工艺本身（例如一件高质量家具的精致造型），而不是一边工作一边操心工具。没有精通，工具就成为交付的障碍，使用不当的工具甚至会对项目及工具的使用者造成损害。

6.7.1　软件工具

软件开发人员必须掌握一些核心工具：

- 至少一门编程语言，通常会是多门；
- 一个集成开发环境（IDE）或者程序员使用的编辑器（vim、Emacs 等）；
- 各种数据格式（JSON、XML、YAML 等）和标记语言（包括 HTML）；

---

1 经授权收录。

- 基于命令行和脚本与操作系统进行交互；
- 源代码仓库工具（Git。除此之外还有其他选项吗？）；
- 持续集成/持续构建工具（Jenkins、TeamCity、GoCD 等）；
- 部署/服务器管理工具（Docker、Kubernetes、Ansible、Chef、Puppet 等）；
- 沟通工具——电子邮件、Slack、英语（!）；
- 测试工具（单元测试框架、Cucumber、Selenium 等）。

这几类工具对于开发软件至关重要。没有它们，就不可能在当今世界交付任何有用的软件。从这个意义上说，它们代表了程序员的“手动工具”箱。

这些工具大多需要努力获得相关专业知识才能有效使用。同时，环境在不断变化，这使得精通工具更具挑战性。有经验的开发人员会找出阻力最小、价值最高的路径来串起涉及的所有工具。什么工具带来了最大的收益？

6.7.2 什么才是有效的工具

因为我们总是在学习更有效的方法来实现我们的目标，所以工具的风景线变化很快。看看过去几十年中出现的各种源代码库工具：PVCS、ClearCase、Microsoft Visual SourceSafe、StarTeam、Perforce、CVS、Subversion、Mercurial……随便就能数出一堆。所有的工具都遇到了问题——太碎片化、太商业、太封闭、太慢、侵入性太强、太吓人、太复杂。然后，一个成功克服了大多数问题的赢家最终出现了：Git。

Git 最强大之处在于：它能够让你感到安全。如果使用其他工具的时间足够长，你可能会时不时感到有点紧张。你需要与服务器保持网络连接，否则你的工作将面临风险。CVS 库偶尔会被破坏，然后你不得不在一团乱麻中翻找，希望恢复自己的代码。代码仓库服务器有时会崩溃，即使有备份，你还是有丢失半天工作成果的风险。一些商业工具会遭遇代码仓库的破坏，这意味着你会在电话上花上几小时寻求支持，而且恢复代码需要付高昂的服务费。使用 Subversion，你会害怕开了太多分支，因为代码库中的源文件越多，切换分支时所需等待的时间就越长（很可能长达好多分钟）。

好工具应该会让你上手时感到舒适，而不会让你因不得不使用它而感到恐惧和恶心。Git 很快；它使你能够进行本地提交，而非只能提交到服务器上；它允许你在没有网络连接的情况下在本地库进行工作；它可以很好地处理多个库和多个分支，并很好地支持分支合并。

Git 的界面相当精简和直接。因此，一旦你对 Git 有了足够的了解，就不会耗费什么精力在工具本身。相反，你将精力放在真正的需求上：安全的存储、集成、源代码的版本管理。这个工具已变得透明了。

Git 是一个强大且复杂的工具，那么"足够的了解"意味着什么？幸运的是，80/20 法则在这里同样适用：Git 的一小部分（也许只有 20%）功能足以满足你超过 80%的日常源代码管理需求。你可以在几分钟内学会大部分你需要的东西。其余的都可以在线获得。

使用 Git 的简单性和有效性引发了关于"如何构建软件"的全新思考，这完全在意料之外。要是告诉林纳斯·托瓦兹（Linus Torvalds），Git 的功能使得它可以快速地抛弃一些代码，托瓦兹大概会觉得想出这主意的人疯了。但"快速抛弃"正是天皇法则（Mikado Method）[1]和 TCR（Test && Commit || Revert，测试之后提交或回退）方法[2]的拥护者们所倡导的。尽管 Git 的一个关键而强大的方面是它能够非常有效地处理分支，但是无数的团队在使用 Git 时几乎只采用基于主干的开发。这个工具受到了打磨——它被有效使用的方式，是原作者没有想到的。

优秀的工具可以做到以下几点：

- 帮助人们实现目标；
- 可以很快学到"足够好"的程度；

---

1 Ellnestam, O., and D. Broland. 2014. *The Mikado Method.* Shelter Island, NY: Manning Publications.
2 Beck, K. 2018. *test && commit || revert.*

- 对用户透明；

- 允许适配和扩展；

- 经济上负担得起。

我们把 Git 作为一个优秀工具的例子……截止到 2019 年是这样。你可能会在未来的某一年读到这篇文章，所以请记住，工具的风景线会变化。

6.7.3 物理的敏捷工具

敏捷专家们以使用白板、胶带、索引卡、马克笔和各种尺寸（有小的，也有整张大白纸那么大的）的便利贴对其工作进行可视化管理而闻名。这些简单的"手动工具"具备所有优秀工具的品质。

- 它们有助于使正在进行的工作可视化并易于管理。
- 它们很直观，不需要培训！
- 它们需要的认知开销可以忽略不计。你可以在专注于其他任务的同时轻松地使用它们。
- 它们很容易被扩展。这些工具都不是专门为管理软件开发而设计的。
- 它们的适应性强。你可以拿胶带或蓝丁胶与它们一起使用，可以将图片或图标剪裁贴上去，可以在胶带上附加额外的指示符，也可以创造性地自定义颜色和图标来表达细微的意思差别。
- 它们都很便宜，也很容易买到。

仅使用这些简单且划算的物理工具，同处一地的团队就能轻松地管理庞大且复杂的项目。你可以用贴在墙上的活动挂图来辐射关键信息。这些信息辐射器为团队成员和项目资助人汇总了重要的趋势和事实。你可以使用这些信息辐射器来设计和呈现新的信息类型。灵活性几近无限。

每种工具都有其局限性。物理工具的一个关键限制是：它只对可视范围内的人员有效，对分布式团队不是很有效。物理工具也不会自动维护历史记录，你只能看见当前状态。

6.7.4　自动化的压力

最初的 XP 项目（C3）大部分是用物理工具管理的。随着敏捷的发展，人们对自动化软件工具的兴趣也随之增长。对此，一些合理的理由如下。

- 软件工具提供了一种很好的方法来帮助确保以一致的形式捕获数据。
- 有了以一致方式捕获的数据，你就可以轻松地获得看起来很专业的报告、图表和图形。
- 提供历史记录和安全存储变得简单。
- 你可以立即与所有人分享信息，无论他们住在哪里。
- 使用在线电子表格等工具，你甚至可以让一个完全分布式的团队实时协作。

对习惯于精巧的演示和软件的人来说，低科技含量的工具是一个障碍。既然我们是制造软件的行业，我们中的许多人自然倾向于自动化一切。

我们要软件工具！

呃……也许不一定，我们先停下来想想。自动化工具可能不支持你团队特有的流程。一旦你拥有了一个工具，阻力最小的路径就是照工具提供的功能来做事，不管它是否满足团队的需求。

你的团队首先应该形成与当前特有的环境兼容的工作模式，然后再考虑使用支持团队工作流的工具。

人使用和控制工具，不能让工具控制和使用人。

你不想被锁定在别人的流程中。不管你在做什么，都要首先掌握好自己的流程，然后再考虑自动化。不过，关键的问题不在于使用自动化工具还是物理工具，而应该是："我们正在使用的工具，到底是优秀的工具，还是不怎么好的工具？"

6.7.5　有钱人用的 ALM 类工具

敏捷开始后不久，出现了许多用于管理敏捷项目的软件系统。这些敏捷生命周期管理（Agile Lifecycle Management，ALM）系统既有开源的，也有精致昂贵的"开包即用"产品。它们可以收集敏捷团队的数据，管理一长串的特性（待办事项），生成复杂的图表，提供跨团队的摘要视图，并进行一些数值处理。

有一个自动化系统帮助我们做这些工作，这看起来似乎很方便。除了主要功能，ALM 工具还有一些有用的特性：它们大多允许远程交互、跟踪历史记录、处理简单重复的项目簿记工作，而且具有很高的可配置性。使用它们提供的绘图工具，你可以在超大纸张上创建专业的彩色图表，然后将其张贴起来，作为团队空间中的信息辐射器。

然而，尽管 ALM 工具功能丰富，商业上也很成功，但它们在成为优秀工具的道路上一败涂地。ALM 工具的失败是一个很好的警示故事。

- 优秀的工具可以很快学到"足够好"的程度。ALM 工具往往很复杂，通常需要先期培训。（嗯……谁还记得上一次索引卡培训是什么时候？）。即使经过了培训，团队成员也必须经常上网搜索，来找出如何完成本应该很简单的任务。许多人默许了工具就应该复杂，不想再深入研究，最终忍受缓慢而笨拙的工作方式。

- 优秀的工具对用户透明。我们一次次看到团队成员按图索骥想弄明白工具该怎么用。他们摆弄故事卡的样子就像喝醉了酒。他们在网页之间建立链接，大段大段地复制粘贴文本，试图把用户故事相互联系起来，或者与故事所属的"史诗"（epic）联系起来。他们在故事、任务、分配的工作等诸多概念中来回折腾，想找出正确的使用方法。一团混乱。这些工具往往需要团队持续投入注意力。

- 优秀的工具允许适配和扩展。要给 ALM 里的（虚拟）卡片添加一个字段吗？你可能得去找一位专门（或者说，将自己"献祭"给）支持该工具的编程专家，或者你可能不得不向供应商提交变更请求。使用低技术含量工具时 5 秒就能解决的问题，在 ALM 里得耗上 5 天甚至 5 个星期。对管理流程的快速反馈实验变得不可能。当然，如果你根本不需要额外的字段，那么必须有人恢复更改并重新发布配置。ALM 工具并不总是容易适应变化的。

- 优秀的工具有合理的价格。ALM 工具的许可费每年可能高达数千美元，而且这只是一个开始。安装和使用这些工具可能需要额外花费相当大的成本，例如培训、支持，有时还需要定制。持续的维护和管理进一步推高了本就昂贵的拥有成本。

- 优秀的工具可以帮助人们实现目标。ALM 工具很少按照你的团队的方式工作，而且它们默认的模式经常与敏捷方法不一致。例如，许多 ALM 工具假设了每个团队成员有单独的工作分配，于是，以跨职能方式协同工作的团队几乎无法正常使用这些工具。

一些 ALM 工具甚至提供了示众板——展示每个人的工作量、利用率和进度（或缺乏进度）的仪表板。这个工具没有突出显示工作朝向"完成"方向的流动，也没有倡导责任共享——这些才是真正的敏捷工作方式。这个工具成了羞辱程序员的武器，逼迫他们更努力、工作更长的时间。

团队原本每天早上会聚集在一起进行站会（也叫每日 Scrum），现在，他们聚集在一起来更新 ALM。这个工具已经用自动化的状态报告代替了人与人之间的交互。

最糟糕的是，ALM 工具通常不能像物理工具那样辐射信息。你必须登录到工具中，四处搜寻，才能找到你想要的东西。当你找到想要的信息时，往往会伴随着一堆你不想要的信息。有时，你需要的两三张图可能显示在不同的网页上。

ALM 当然也有可能变得优秀。但如果你只需要管理一个卡片墙，同时又必须使用软件，那就选一个通用工具吧，比如 Trello。它简单，直观，便宜，可扩展，也不会让你头晕目眩。

我们的工作方式在不断变化。多年来，我们从 SCCS 转到 RCS，再到 CVS，再到 Subversion，再到 Git，源代码的管理方式发生了巨大变化。测试工具、部署工具等也有类似的进展（这里没有列出）。我们也有可能会看到自动化 ALM 工具的类似发展。

鉴于大多数 ALM 工具的当前状态，从物理工具开始可能更安全、更聪明。稍后，你可以考虑使用 ALM 工具。确保它能快速学会，在日常使用中透明，容易适应，获得和使用的成本在预算范围内。最重要的是，确保它支持你团队的工作方式，并为你的投资提供正向收益。

6.8　教练——另一个视角

达蒙·普尔（Damon Poole），写于 2019 年 5 月 14 日[1]

达蒙·普尔是我的朋友，他在很多事情上不同意我的看法。对敏捷教练的观点就是其中之一。所以，我认为把他的文章收录进来是个不错的选择，因为他会提供不同的观点。

——鲍勃大叔

6.8.1　条条大路通敏捷

通往敏捷有很多途径。在现实中，我们中的很多人都是无意中走上这条路的。有一种观点认为，《敏捷宣言》的作者们正是注意到他们都有相似的历程，所以才决定把它描述

---

1 同样，仅代表 2019 年的观点。行业的风景会不断变化。经授权收录。

出来，以便其他人可以选择加入他们，这样才有了《敏捷宣言》。我的敏捷之路始于 1977 年，当时我走进了一家恰好在销售 TRS-80s 电脑的器械商店。作为一个完全的新手，我仅提了几个问题，就帮助一位经验丰富的程序员找出了一款星际迷航游戏中的 bug。如今，我们把这样的活动称为"结对编程"。而且，凑巧的是，提问是教练辅导的一个重要组成部分。

从那时直到 2001 年，我其实已经在实践敏捷，只是自己没意识到。我一直在小型跨职能团队中写代码，大部分时候与内部客户一起，专注于完成一个个小功能（也即现在所谓的用户故事），并且我们只进行小而频繁的发布。但随后，在 AccuRev，我们的主版本发布周期越来越长，到 2005 年一度长达 18 个月。整整 4 年，我一直在进行瀑布式开发，只是自己没意识到。这一切太可怕了，而我却不知道为什么。此外，我被认为是"过程专家"。不考虑细节的话，这是一个许多人熟悉的故事。

6.8.2　从过程专家到敏捷专家

我接触敏捷的过程是痛苦的。2005 年，在敏捷联盟会议和其他会议迅速流行之前，《软件开发》（*Software Development*）杂志每年会召开一系列行业会议。在《软件开发》美国东部地区会议的讲师招待会上，我做了一个关于分布式开发管理实践的演讲，其中完全没有提到"敏捷"这个词。随后，我发现周围都是软件行业的思想领袖，如鲍勃·马丁（Bob Martin）、约书亚·凯列夫斯基（Joshua Kerievsky）、迈克·科恩（Mike Cohn）和斯科特·安布勒（Scott Ambler）。他们似乎只对 3×5 卡片、用户故事、测试驱动开发、结对编程之类的话题感兴趣。我觉得那些东西都是"狗皮膏药"，但这些思想领袖却对它们着迷，这真是把我吓坏了。

几个月后，为了好好"揭穿"敏捷，我开始研究它。突然，我有所感悟。作为一名程序员和企业主，我对敏捷有了一个全新的视角：我把敏捷理解为一种算法，它可以找到市场上价值最高的产品特性，然后将它们更快地转化为收入。

在这一刻的灵感之后，我突然对敏捷充满了热情，想与所有人分享敏捷。我做了免费的网络研讨会，写博客，在会议上发言，加入新英格兰地区敏捷聚会，在波士顿地区运营这个聚会，并且尽我所能地传播这个词。当人们分享他们在实施敏捷方面的困难时，我热情地给予帮助。我开始进入解决问题的模式，并向他们解释我认为他们应该做什么。

我开始注意到，我的方法经常会引起反对和更多的问题。遭遇这种情形的不仅仅是我一个人。最极端的一次是在一个会议上，我目睹几名敏捷实践者与那些还没看到敏捷光明的人发生了冲突。我开始意识到，为了让人们真正有效地拥抱和利用敏捷，需要有另一种方法来传授敏捷知识和经验，要考虑到学习者的独特环境。

6.8.3　对敏捷教练的需求

敏捷的理念十分简单，《敏捷宣言》仅用 264 个单词就描述了它。但是向敏捷转变却十分困难，否则每个人自己就转变了，不需要敏捷教练。一般来说，人们在改变时会遭遇困难，而完全接受敏捷需要大量的改变。要想变得敏捷，需要重新审视根深蒂固的信念、文化、过程、思维和工作方式。让一个人转变思维、帮助他看到"这对我有什么好处"，这已经足够具有挑战性了。想转变整个团队，难度就更大。如果团队所处的环境是专门为传统的工作方式而构建的，难度又会增加。

所有变革倡议都面对一个不变的真理：人们做他们想做的事。变革能持续的关键在于：找到人们意识到并愿意投资的问题或机遇，然后帮助他们实现目标，只在他们需要并提出请求时提供专业知识。其他推进变革的方式都会失败。教练技术有助于人们发现盲点，找出阻碍他们前进的潜在信念。它帮助人们解决自己的挑战、实现自己的目标，而不仅仅是开出解决方案的药方。

6.8.4　将教练技术带给敏捷教练

2008 年，丽萨·阿金斯（Lyssa Adkins）带来了一种截然不同的传授敏捷的方法。她强调的重点是敏捷教练的纯教练技术方面，将专业教练的技能引入了敏捷教练领域。

在我对专业教练技术和丽萨的方法有了更多了解并将这些技术融入我自己的工作方式之后，我逐渐理解到：人们从教练过程本身获得了巨大的价值。这种价值，不同于敏捷知识或者专业知识的价值——教练很可能也会传授后者，但教练过程本身的价值是独特的。

2010 年，丽萨在她的著作《如何构建敏捷项目管理团队》[1]中完整地描述了她做敏捷教练的方法。与此同时，她开始提供敏捷教练的课程。2011 年，她的课程学习目标构成了 ICAgile 的认证敏捷教练（ICAgile's Certified Agile Coach，ICP-ACC）学习目标的基础，国际敏捷联盟（International Consortium for Agile）随后也开始通过他们自己的讲师来认证 ICP-ACC 课程。目前，ICP-ACC 课程是敏捷行业中最全面的专业教练资源。

6.8.5　超越 ICP-ACC

ICP-ACC 认证包括了如下教练技能：主动聆听，情绪智力，教练状态，提供清晰直接的反馈，提出开放性和非引导性问题，以及保持中立等。全套专业教练的技能更加广泛。例如，国际教练联合会（International Coach Federation，ICF）（该组织认证了 35000 多名专业教练）定义了 11 类、70 项教练能力。要成为一个成功经过认证的教练需要大量的培训，并通过严格的认证程序，需要证明他拥有所有的 70 项能力，并提供有文字记录的数百小时的付费教练辅导经验。

---

1 Adkins, L. 2010. *Coaching Agile Teams: A Companion for ScrumMasters, Agile Coaches, and Project Managers in Transition.* Boston, MA: Addison-Wesley.

6.8.6 教练工具

敏捷社区中用于传授敏捷和指导敏捷转型的许多结构、实践、方法和技术都与专业教练的意图一致。这些东西是原本就存在于敏捷社区的"教练工具"，它们帮助个人和团体自我发现阻碍他们前进的因素，并自主决定如何前进。

一种教练能力就是强有力提问，其中一个方面是"提出能唤醒发现、洞见、承诺或行动的问题"。回顾会议，特别是像"团队历史上成绩最好的时刻"或"六顶思考帽"等组织回顾会议的形式，就是一种强有力提问的方式。它使团队能够发现通过改变自己就带来的机会，并且自主决定如何去抓住这些机会。开放空间，又叫"非会议"（unconference），是一种向一大群人，甚至向整个组织提出强有力问题的方式。

如果你接受过敏捷理论或敏捷方法的正式培训，那么你可能已经玩过许多演示敏捷概念的游戏，像翻硬币游戏、Scrum 模拟、披萨看板、搭建乐高城市等。这些游戏让参与者体验到自组织、小批量、跨职能团队、TDD、Scrum 和看板的力量。有些游戏的目的是提高参与者的觉察，并且让参与者决定下一步该做什么，这就体现了专业教练技术的精神。

教练工具在逐步壮大，网上可以找到很多工具。

6.8.7 只有专业教练技巧是不够的

如果我们指导的团队有可能用得上看板但却从来没听说过看板，那么提再多强有力的问题、用再多专业的教练技术，他们也不可能自己发明出看板。此时，敏捷教练会切换到提供专业知识的模式。如果团队感兴趣，那么敏捷教练会给他们提供专业知识，言传身教指导团队掌握这些专业知识。一旦团队掌握了新知识，敏捷教练就回到纯粹的教练状态。

敏捷教练可以从六大专业领域中汲取知识：敏捷框架、敏捷转型、敏捷产品管理、敏捷技术实践、引导技术、教练技术。每个教练都有自己的技能组合。绝大部分组织会首先寻找具有敏捷框架经验的敏捷教练。随着公司在敏捷转型的道路上不断前行，他们会逐渐意识到各个敏捷专业领域的价值。

一直被众多组织低估的一个专业领域是：参与编码和测试的每个人都需要擅长编写代码和创建适合敏捷环境的测试——本书一直在强调这一点。重点在于：添加新功能时必须同时添加新的测试，而不能只加功能不加测试，也不能随意增加技术债，后两种做法都会增加团队的负担，拖慢团队的速度。

6.8.8 在多团队环境中进行敏捷教练的工作

2012 年左右，随着越来越多的组织在单个团队的敏捷转型中取得成功，人们对规模化敏捷的兴趣大增，即将那些原本专门为支持传统工作方式构建的组织，转变为专门为支持敏捷工作方式构建的组织。

如今，大多数敏捷教练的工作都是在多个团队的环境中进行的，有时甚至多达几十上百个团队。在这样的环境中，资源（人员）往往被分隔成一个个筒仓，然后又被分配到 3 个甚至更多彼此不相关的项目上。这些"团队"并非都为同一个目标一起工作，但它们都是在一个传统的环境中工作。在这种环境中，大家都是从纵跨多年的投资、投资组合规划和基于项目的角度思考的，而不是基于团队和产品的维度考虑的。

6.8.9　大型组织中的敏捷

大规模敏捷与团队级别的敏捷非常相似。敏捷的第一个小目标是让客户的要求能在一两周时间内达到可以发布上线的状态，然而团队在努力达成这个小目标的过程中会遭遇很多阻碍。找到并消除这些障碍，正是敏捷落地要面对的难题之一，当然，要使团队达到按需发布的水平就更难了。

当多个团队需要协同交付同一个产品时，上述困难的数量会倍增、难度会加大。不幸的是，大型组织中导入敏捷有一个常见的模式：将"敏捷导入"视为一个传统项目。也就是说，采用自上而下的、命令与控制的方式，首先要做大量预先设计和决策，然后一次性推出大量变革——这里说的"大量"，真的就是成千上万项改变。如果你要求上百人改变他们的十几项日常行为，这就是成千上万项改变，其中每一项都有可能成功或失败，完全取决于这数百人如何看待变革对自身的影响。一上来就宣称目标是达成某个大型敏捷框架，这就好像在说："我们的计划是实现这一大堆软件需求。"

我曾经参加过许多大规模敏捷导入项目（许多项目都涉及上百个团队），并与许多经验丰富的敏捷教练一起工作过。从这些经验中，我学到的最重要的一点是：成功导入敏捷与创建成功的软件面临的问题完全相同。开发软件时最好基于频繁的客户交互，同样，只有当被过程改进直接影响到的人充分理解改进的价值，并自愿在自己的环境中开展过程改进，这样的过程改进才能够持久。换言之，我相信最有效的敏捷转型策略是将"引入敏捷"本身以敏捷的方式来进行，并且在过程中运用教练技巧。

6.8.10　使用敏捷和教练技术来变得敏捷

《敏捷宣言》是指导和协调多个团队工作的很好的模板："为他们提供所需的环境和支持，并信任他们去完成工作。"作为对宣言的支持，敏捷社区有一整套可扩展的模式，它们与《敏捷宣言》的价值观和原则相兼容。这里我指的不是框架，而是构建所有框架所依据的各个实践。

所有框架基本上都是由若干敏捷实践组成的预制菜谱。与其照搬一份现成的菜谱，不如考虑使用敏捷和教练技术，根据自己的具体情况来定制一个菜谱，然后实施这个菜谱。如果到了最后，这个菜谱变成了 SAFe、Nexus、LeSS 或者 Scrum@Scale，那就太棒了！

最成功的企业敏捷教练是如何结合敏捷和教练技术，以最适合组织的方式发现和实施敏捷的呢？在个体层面上，教练的精髓是帮助人们自己解决问题。在团队和组织层面上，教练技术意味着帮助团队自己实现目标。首先，教练把敏捷导入过程中受到影响的每个人都视为"客户"。然后，他们通过回顾、开放空间等技术，发现客户眼中的挑战和机遇，这些挑战和机遇将成为组织的敏捷导入待办事项。接下来，教练使用小圆点投票之类的团体决策工具，确定最重要的待办事项。然后，他们帮助组织实施一些最重要的待办事项。最后，他们进行回顾，并重复上述过程。当然，对于许多相关人员来说，这将是他们的第一次敏捷导入。只有教练技术是不够的，专家知识的教学和指导也将发挥作用。只有掌握足够的知识，人们才能做出明智的决定。

6.8.11　敏捷导入的成长

下面的清单列出了敏捷导入待办事项中需要考虑的各个实践。创建和定期维护这份清单的方式很简单，就是敏捷教练"三板斧"：先用便利贴收集想法，然后组合便利贴去除重复，最后用小圆点投票决定优先级。参与创建和维护清单的是十几名企业教练。这只是对这些实践的高层次描述，列出来以供参考。还有很多敏捷实践不在这份清单上，不过，不妨把这份清单看作一个起点。比如说，与其采用 Scrum、看板、极限编程或某个大规模敏捷框架，不如考虑下面清单中的哪一个实践与具体团队眼下的需求最为相关，然后采用那个实践。尝试一段时间，然后重复上述过程。

- **看板实践**——看板实践包括使工作可视化（通过卡片墙）、限制在制品以及拉动系统。

- **Scrum 和 XP 的实践**——这两种方法被组合在一起，因为除了 XP 中的技术实践，它们非常相似。例如，在 SAFe 中，它们被统称为 ScrumXP。这两种方法包括了各种实践，比如每天的简短团队会议、产品负责人、流程协调者（又称 Scrum Master）、回顾、跨职能团队、用户故事、小步发布、重构、测试先行、结对编程等。[1]

- **对齐团队事件**——像每日站会和回顾会议这样的团队事件需要跨多个团队时，如果时间安排合适，而且有适当的问题升级机制，那么可以做到每天及时发现系统性的障碍。不过，要对齐团队事件，就需要对齐迭代的开始时间、停止时间和迭代长度。不使用迭代并且能够按需发布的团队可以与任何其他团队的节奏保持一致。

- **问题升级树**——既然团队应该始终在产生最高价值的事项上工作，那么一旦遇到阻碍，就应该立即通过明确定义的路径将问题升级。不论是常见的“Scrum 的 Scrum”（Scrum of Scrums），还是较少为人知的“回顾的回顾”（Retrospective of Retrospectives），都是为了建立有效的问题升级机制。建立问题升级树的一种模式是采用简化版本的 Scrum@Scale：在各个团队中采用 Scrum，跨团队采用“Scrum 的 Scrum”，在此之上建立一支管理执行团队，负责给一切问题兜底。

- **团队间的定期互动**——为了达成同一个成果而一起工作的各个团队，它们的 Scrum Master、产品负责人和团队成员之间应该有定期的互动。实现定期互动的一种方法是进行定期的开放空间活动。

- **项目群看板**——传统的项目群管理实践倾向于让一个人在多个团队中工作，这导致了大量的多任务处理。多任务会造成效率损耗，增加复杂性，并降低吞吐量。项目群看

---

1 SAFe 目前在国际敏捷社区有很多争议，例如，SAFe 中将 Scrum Master 设置为“流程协调者”，这与 Scrum 官方指南中的定义有巨大的偏离。——译者注

板会在项目级别设置在制品（Work In Progress，WIP）限制，以确保组织始终专注于价值最高的工作。一次进行较少的项目，也大大简化（甚至消除）了多团队协作。项目群看板与最小可行增量（Minimum Viable Increments，MVI）结合使用效果最佳。

- **最小可行增量**——这个概念有很多变体，不过核心理念都一样：思考如何用最短路径在最短时间内产生最高价值。越来越多的组织通过实施持续交付将这一点发挥到极致：频繁发布小更新，有时甚至是每天多次发布。

6.8.12　细处着手成大事

大多数的多团队敏捷导入之所以遇到困难，是因为他们专注于应对复杂情况，而不是尝试把事情变得简单。在我的经验中，组织要想呈现大规模的敏捷性，不仅需要在团队级别具备很高的敏捷性，而且需要各方面的复杂性很低。把一堆快艇捆绑成船队，它们就再也快不起来了。下面这些实践通常与团队级敏捷相关，同时在多团队协作中也能起到赋能作用。

- **SOLID 原则**——这些原则在任何规模上都有价值。在多团队协作中，运用这些原则可以显著减少依赖关系，从而简化多团队协作。
- **小而有价值的用户故事**——小的、可单独发布的故事限制了依赖的范围，从而简化了多团队协作。
- **小而频繁的发布**——无论这些发布是否交付给客户，都应该频繁地生成可发布的产品，其中包含所有相关团队的工作成果。这有助于迫使协同和架构问题尽早浮现，以便找到根本原因并解决。尽管有些 Scrum 团队已经不记得了，但是 Scrum 是这样说的：“不管产品负责人是否决定发布增量，产品增量都必须处于可用状态。”也就是说，任何被依赖的团队，其工作成果也必须集成到可发布版本中。
- **持续集成**——XP 对集成的立场尤其坚定，要求在每次代码提交后对整个产品进行集成。

- **简单设计**——这个实践也称为"浮现式设计"（Emergent Design），是最反直觉的实践之一，也是最难学会和应用的实践之一。在单一团队中采用简单设计就已经很困难了，更何况还要与其他团队协同。当多个团队需要协同时，单体的、中心化的、预先计划好的架构会导致团队间产生大量的依赖关系，这些依赖关系往往会束缚团队的手脚，破坏敏捷的许多承诺。简单设计，特别是与微服务架构等实践一起使用时，使大团队也具备了敏捷的可能。

6.8.13　敏捷教练的未来

在过去几年里，专业教练和专业引导已经开始进入敏捷课程。Scrum 联盟的高级认证 Scrum Master（Advanced Certified Scrum Master，ACSM）课程有一些与教练和引导相关的学习目标，并且他们的认证团队教练（Certified Team Coach，CTC）和认证企业教练（Certified Enterprise Coach，CEC）要求学员获得更多的引导和教练技能。Scrum 指南现在称 Scrum Master 在"教练"他们所服务的人。

通过上述课程以及与敏捷社区中专业教练的互动，越来越多的人接触到了专业教练技术，敏捷教练的"教练"部分也越来越受到关注。在过去几个月里，人们对专业教练技术的兴趣似乎越来越浓厚。人们已经开始跳过 ICP-ACC 路径，转而直接进入 ICF 路径。第一所专门为敏捷专业人士服务的 ICF 认证教练学校已经成立，并且至少还有另外一所正在建立中。敏捷教练的未来是光明的！

6.9　结论（鲍勃大叔回来了）

这一章谈得更多的是不做什么，而不是做什么。也许这是因为我见过太多没有变得敏捷的例子。毕竟，就像 20 年前一样，我现在还是认为："还有什么能比这个更容易呢？只需遵循一些简单的纪律和实践即可。一点儿也不费事。"

第 **7** 章

匠艺

桑德罗·曼库索（Sandro Mancuso），写于 2019 年 4 月 27 日

兴奋。这是很多开发人员第一次听到敏捷时的感觉。对于大多数经历过软件工厂和瀑布化思维的程序员来说，敏捷是解放的希望。我们看到了希望：我们能在一个协作的环境中工作；我们的意见能被倾听与尊重；我们会拥有更好的工作流程与实践；我们会在小迭代和短反馈循环中工作；我们会有规律地将应用发布到生产环境中；我们会与用户交互并且得到他们的反馈；我们会持续地检视并调整我们的工作方式；我们会在流程之初就开始参与；我们会每天与业务部门接触——事实上，我们与业务会在同一个团队；我们会经常讨论业务和技术的挑战，对前进方向达成一致，并且我们会被视为技术的专业人士；业务部门与技术部门会共同协作去产生伟大的软件产品，向公司和客户交付价值。

一开始，我们觉得敏捷好得过头，让人难以置信。我们觉得公司永远不会拥抱敏捷思维，更别提敏捷实践了。但是令我们惊讶又开心的是，绝大部分公司居然真的这么做了。突然间，一切都变了。我们不再写需求文档，改为使用产品待办列表与用户故事。我们不再画甘特图，改为使用物理白板和燃尽图。我们有了每天早上根据进度移动的便笺纸。这些便笺纸非常强大，它能引起深度的心理成瘾。这些东西代表了我们的敏捷性。我们在墙上贴的便笺纸越多，就觉得自己越"敏捷"。我们不再是建筑施工队了，而是 Scrum 团队。我们也不再有项目经理。我们被告知我们不需要被管理了，我们应该自组织，管理者现在变成了产品负责人。我们被告知产品负责人和开发人员应该像一个团队那样紧密合作。从现在开始，作为一个 Scrum 团队，我们被授权做决定，不管是技术决策还是项目相关决策。或许只是我们这样以为。

敏捷席卷了整个软件行业。但是就如耳旁传话游戏那样，最初的敏捷思想被扭曲和简化，最终到公司里变成了承诺可以更快交付软件的一个流程。对使用瀑布或者 RUP 的公司和管理者来说，这无疑是动听的音乐。

管理者和利益相关者都很兴奋。归根结底，谁会不喜欢敏捷呢？谁不希望能更快地交付软件呢？即使是持怀疑态度的人，也不会拒绝敏捷。如果你的竞争对手在广告中宣称他们是敏捷的，而你却不是，这对你会有什么影响？你的潜在客户会怎么看你？公司无法承担不敏捷的后果。在敏捷峰会之后的几年，遍布在全世界的各个公司都开始进行敏捷的转型。敏捷转型的时代开始了。

7.1 敏捷的宿醉

一种文化并不容易转型到另一种文化。公司需要外部的帮助来进行组织转型，因而产生了一种新型专业人才的巨大需求：敏捷教练。市面上出现了很多敏捷认证。一些认证简单到只需要参加两天的培训课程就能获得。

向中层管理者兜售敏捷流程很容易，因为他们都希望软件能够更快交付。"工程部分很简单。只要我们搞定了流程，工程部分自然就能搞定。"管理者们被这样告知，"最终都是人的问题。"管理者们很喜欢这个说法。管理者的工作就是管理人，只要他们继续掌权，他们非常乐意让直接下属更快地工作。

许多公司真正从他们的敏捷转型中受益了，如今，他们处于比以前更好的位置。很多真正敏捷的公司可以将软件每天部署到生产环境好几次，并且业务部门和技术部门可以真正像一个团队那样工作。但是还有很多其他公司显然还没做到。希望推动程序员更快工作的管理者，正在利用敏捷流程带来的充分透明性，对团队进行微观管理。那些既没有业务经验也没有技术经验的敏捷教练在辅导管理者，并且告诉开发团队该去做什么。管理者制定路线图和里程碑，并且强加给开发团队。开发人员可以估算他们的工作，但是有巨大的压力在要求他们：不管他们怎么估算，总之得在强行定好的里程碑内完成。一个很常见的现象是，管理层已经确定了项目未来 6～12 个月所有的迭代和相应的用户故事。如果一次迭代没能交付原计划中所有的用户故事点，就意味着开发团队需要在下一次迭代更努力地工作，以弥补上次的延迟交付。每日站会变成了开发人员必须向产品负责人和敏捷教练汇报进展，详细说明自己正在做什么、什么时候能够完成。如果产品负责人觉得开发人员浪费了太多时间在自动化测试、重构或结对编程等事情上，他们会直接叫团队停止这些实践。

战略性的技术工作在他们的敏捷流程中是没有位置的。不需要架构或设计。他们要求只管聚焦在产品待办列表中最高优先级的事项上，然后一个接一个尽可能快地完成。这种方式导致团队不断重复着短视的、战术性的工作，从而积累了技术债务。脆弱的软件、著名的单体应用（或者一些尝试微服务的团队得到的分布式单体应用）比比皆是。bug 与运营问题变成了每日站会和敏捷回顾会议的热点话题。向生产环境的发布也不如业务部门期望的那么频繁。手动测试依然要花费好几天甚至好几周才能完成。引入敏捷就能够避免所有这些问题的希望也破灭了。管理者们责怪开发人员前进得不够快。开发人员责怪管理者们不允许他们做必要的技术和战略性工作。产品负责人不认为自己是团队的一部分，当事情出问题时也不承担责任。井水不犯河水的文化开始占据主导。

我们称这种现象为敏捷的宿醉。在敏捷转型上投入了几年时间与资源之后，这些公司意识到：他们以前存在的问题如今仍然存在。当然，他们把责任全都推到敏捷头上。

7.2   不孚所望

只关注流程的敏捷转型是不完整的转型。在敏捷教练指导管理者和交付团队采用敏捷流程时，并没有人辅导开发人员去学习敏捷的工程技术实践。如果你以为只要解决人与人之间的协作问题就能够改善工程问题，那就大错特错了。

良好的协作可以帮人们移除完成工作时的一些阻碍，但是不一定会使他们变得更娴熟。

伴随着敏捷转型，往往会有一个很高的期望：在新功能开发完后，或者至少在每次迭代结束时，开发团队能够交付可部署到生产环境的软件。对绝大多数开发团队来说，这是一个巨大的变化。如果不改变工作方式，开发团队不可能达到这个目标，这意味着他们必须学习和掌握新的实践。但是存在几个问题。大多数敏捷转型中，几乎没有为提高程序员技能而分配预算，业务部门也不希望进度变慢。大多数人甚至不知道开发人员需要学习新的实践。他们一直听到的是：只要在工作中更紧密地配合，程序员就可以工作得更快。

要做到每两周向生产环境进行发布，需要很多纪律和技术技能。那些习惯于一年只交付很少几次的团队普遍缺乏这些技能。如果有多个团队，每个团队都有多名开发人员，而且所有人还都在同一个系统上工作，还期望新功能开发完成时就立即能够发布到生产环境中，情况会变得更糟糕。为了能够一天多次向生产环境部署软件，同时又不影响系统的整体稳定性，团队需要掌握极其高超的技术与工程实践。开发人员不能只是简单地从产品待办列表最上面取一个用户故事，然后开始编码，并想当然地以为自己能一帆风顺地将工作内容推到生产环境。他们需要战略性思维。他们需要模块化设计来支持多人并行工作。他们需要持续地拥抱变化，同时还要确保系统可以经常被部署到生产环境。为了这个目的，他们需要既灵活又健壮地持续构建软件。但是，在"持续地将软件部署到生产环境"这个大前提下，灵活性和健壮性的平衡极其困难，若没有必要的工程技能是无法做到的。

不要幻想着只要创造一个更好的协作环境，团队就会自动地发展出这些技能。为了获得这些技术能力，团队需要额外的支持，例如教练辅导、培训、实验和自学。公司的业务能有多敏捷，直接取决于他们能以多快的速度演进他们的软件，这也就意味着他们的工程技能和技术实践要不断进化。

7.3　渐行渐远

当然，并非所有公司、所有敏捷转型都会遭遇以上描述的所有问题，或者至少说程度有高有低。平心而论，经历过敏捷转型（哪怕并不完整）的公司，从业务角度看都比以前处在更好的位置上。他们按更短的迭代工作。业务部门和技术部门的合作比以前更紧密。问题和风险能更早地被识别。当业务部门得到新信息的时候能够更快地反应，这是迭代式软件开发带来的好处。不过，尽管公司的现状比以前要好，敏捷流程与工程实践的分离仍然在伤害公司。如今大多数敏捷教练并没有足够的技术能力（如果不是完全没有的话）去辅导开发人员掌握技术实践，他们也很少谈论工程实践。几年过去，开发人员开始把敏捷教练当成新的一层管理者：这群人告诉他们该做什么，而不是帮助他们更好地完成工作。

是开发者在远离敏捷，还是敏捷在远离开发者？

或许两者都是。看上去，敏捷和开发者正在互相远去。在许多组织中，敏捷被认为是 Scrum 的同义词。当提到极限编程时，就只剩下了几个技术实践，例如测试驱动开发和持续集成。敏捷教练们期望开发人员可以使用一些极限编程的实践，但是他们并没有真正提供帮助，也从不参与到开发者的工作中去。许多产品负责人（或者项目经理）仍然不觉得自己是团队的一分子，在事情没有按计划推进时也并无任何责任感。开发人员仍然需要艰难地与业务部门沟通，才能进行必要的技术改造，从而继续开发与维护系统。

公司仍然不够成熟，没有足够理解技术问题实际上是业务问题。

随着对技术能力逐渐失去关注，敏捷是否还能给软件项目带来显著的改善？敏捷是否还像当初《敏捷宣言》中所言，聚焦于身体力行同时帮助他人探寻更好的软件开发方法？我不是很确定。

7.4 软件匠艺

为了提高软件开发的水准，并重新明确敏捷最初的目标，一群开发人员于 2008 年 11 月聚集到芝加哥，发起了一个新的运动：软件匠艺（Software Craftsmanship）。类似于 2001 年的敏捷峰会，2008 年的会议达成了一套核心价值观，并在《敏捷宣言》的基础上提出了一个新的宣言。

作为有理想的软件工匠，我们一直身体力行提升专业软件开发的标准，并帮助他人学习此技艺。通过这些工作，我们建立了如下价值观：

- 不仅要让软件工作起来，更要精雕细琢；
- 不仅要响应变化，更要稳步增加价值；
- 不仅要有个体与交互，更要形成专业人员的社区；
- 不仅要与客户合作，更要建立卓有成效的伙伴关系。

在追求左项的过程中，我们发现右项是不可或缺的。

软件匠艺宣言描述了一种思想体系、一种观念。它强调从几个角度来提升职业水准。

精雕细琢意味着代码经过精心设计和完整测试，同时兼顾灵活性和健壮性。我们不害怕修改这样的代码，这样的代码能允许业务快速做出反应。

稳步增加价值意味着不论我们做什么，都应始终致力于不断为客户和雇主增加价值。

形成专业人员的社区意味着我们期望彼此共享和学习，从而提高我们行业的水平。我们有责任培养好下一代开发人员。

建立卓有成效的伙伴关系意味着我们将与客户和雇主建立专业的关系。我们将始终秉承职业道德和以尊重的态度行事，以最佳方式为客户和雇主提供建议并与他们合作。我们期望相互尊重和职业化的关系，为此我们愿意采取主动，并以身作则。

我们不再把工作看作上班打卡而已，而是提供专业服务。我们将掌控自己的职业生涯，投入自己的时间和金钱来改善自己的工作。这些不仅是专业价值观，也是个人价值观。匠人们努力做到最好，不是因为有人支付工资，而是基于把事情做好的渴望。

世界各地成千上万的开发人员立即认同了软件匠艺所奉行的原则和价值观。开发者在敏捷早期获得的原始兴奋感不仅回来了，而且更加强烈。人们开始自称"匠人"，他们决定不再让自己的运动再次受到劫持。这是一次开发者的运动。这次运动激励程序员变成最好的自己。这次运动激励程序员成为并认同自己是技能娴熟的职业人士。

7.5　思想体系与方法论

思想体系是思想和理想的系统。方法论是方法和实践的系统。思想体系定义了作为目标的理想。可以用一种或多种方法来实现那些理想，方法论正是达成目标的手段。在阅读《敏捷宣言》和 12 条原则时，我们可以清楚地看到其背后的思想体系。敏捷的主要目标是提供业务敏捷性和客户满意度，这是通过紧密协作、迭代开发、短反馈循环和卓越技术来实现的。Scrum、极限编程（XP）、动态系统开发方法（DSDM）、适应性软件开发（ASD）、水晶方法（Crystal）、特性驱动开发（FDD）等敏捷方法都是达到同一目标的不同手段。

方法和实践就像自行车的辅助轮，它们非常有助于人们起步。就像孩子学习骑自行车，辅助轮能够帮助他们安全可控地起步。等他们有了一些信心，我们就把辅助轮稍微抬高一点，以便锻炼他们的平衡能力。然后我们去掉一个辅助轮，接着再去掉另一个。到这个时候，孩子们就可以自己骑车了。但是，如果我们过多地关注辅助轮的重要性，并过久地保留它，那么孩子就会过分依赖辅助轮，而不希望将其卸下。过分关注某种方法论或某一组实践，会分散团队和组织对实际目标的注意力。我们的目标是教孩子骑自行车，而不是习惯辅助轮。

吉姆·海史密斯（Jim Highsmith）在他的《敏捷项目管理》一书中说："没有实践的原则只是空壳，而没有原则的实践往往是没有判断力的死记硬背。原则指导实践，实践具象化原则，两者齐头并进。"[1]尽管方法和实践是达到目标的手段，但我们不应忽视它们的重要性。定义专业人士的标准就是他们工作的方式。如果我们的工作方式（方法和实践）与某些原则和价值观不一致，那么我们就不能声称自己拥有这些原则和价值观。优秀的专业人士能够准确地描述他们在特定上下文中的工作方式。他们掌握广泛的实践，并能够根据需要使用它们。

7.6　软件匠艺包含实践吗

软件匠艺不包含固定的一组实践。相反，它提倡不断去探索更好的实践和工作方式。在我们发现更好的替代品之前，已知的优秀实践仍然是好的。如果将特定的实践与软件匠艺相绑定，就会使它变得脆弱和过时，因为总会有更好的实践会被发掘出来。但这并不意味着国际软件匠艺社区不倡导任何实践。

1　Highsmith, J. 2009. *Agile Project Management: Creating Innovative Products,* 2nd ed. Boston, MA: Addison-Wesley, 85.

相反，自 2008 年创建以来，软件匠艺社区认为极限编程是当下的最佳敏捷开发实践集。测试驱动开发、重构、简单设计、持续集成和结对编程在软件匠艺社区中得到了大力提倡——然而它们是极限编程的实践集，而不是匠艺的实践集。它们也不是唯一的实践集。匠艺还倡导整洁代码和 SOLID 原则。

匠艺提倡小步提交改动、小步发布和持续交付。匠艺提倡模块化软件设计，以及一切能去除手动重复劳动的自动化措施。此外，只要一个实践有助于提高生产力、降低风险，有助于做出有价值的、健壮且灵活的软件，匠艺都提倡。

匠艺不仅仅包括技术实践、工程实践和自我完善。它还包括职业精神，赋能客户以实现其业务目标。在这一领域里，敏捷、精益和匠艺完美融合。三者都有相似的目标，只是从不同的角度来解决问题，三者的角度同样重要、互为补充。

7.7　聚焦于价值而非实践

在敏捷和匠艺社区里，有个常见的错误是提倡实践而不是其提供的价值。以测试驱动开发为例。在匠艺社区中最常见的一个提问就是：“我如何说服我的经理/同事/团队去开展测试驱动开发？”这本身就是一个错误的提问，错误之处在于我们还没就问题达成一致就先提供了解决方案。如果人们看不到价值，就不会改变他们的工作方式。

与其推动测试驱动开发，也许我们可以先就“减少全系统测试时间”的价值达成一致。现在把整个系统测一遍要花多长时间？2 小时？2 天？2 周？有多少人参与？如果我们能将时间减少到 20 分钟呢？2 分钟？也许甚至 2 秒？如果我们只要随时按一下按钮就可以呢？那会给我们带来良好的投资回报率吗？那会让我们的生活更轻松吗？我们有能力更快地发布可靠的软件吗？

如果所有人的答案都是肯定的，那么我们可以开始讨论有助于实现这一目标的实践了。在这种情况下，测试驱动开发是一个很自然的选择。对于那些不太热衷于测试驱动开发的人，我们应该征询一下他们更青睐的实践。对于既定的目标，他们建议可以采取哪些实践以带来相同或更高的价值？

在讨论实践时，有必要先对要实现的目标达成一致。单纯地拒绝实践却不提供更好的替代方案，这才是唯一不能被接受的。

7.8　对实践的讨论

围绕实践的讨论应该在合适的级别、与合适的人进行。如果我们希望采用改善业务与技术合作的实践，那么来自业务与技术的人员都应该参与讨论。如果开发人员正在讨论什么实践能够使他们以更好的方式构建系统，则没有理由让业务人员也参与其中。只有讨论对项目成本或周期有重大影响时，业务人员才应该参与进来。

用微服务重新架构整个系统，与开展测试驱动开发是不同的。前者对项目成本和周期有非常重大的影响，而后者是只要开发人员愿意采用 TDD 就行。业务人员不应该关心开发人员是否编写自动化测试用例。至于是在编写生产代码之前还是之后进行自动化测试，更与业务人员无关。缩短从商业构想到生产环境中软件的周期，才是业务人员应该关心的。开发团队应着手减少返工（bug，以及测试、部署、生产环境监控等手动流程）所耗费的金钱和时间，这也是业务人员关心的。降低实验成本也是业务关心的问题。如果软件缺乏模块化、不易测试，实验成本就会变得非常高昂。业务人员和开发人员的对话应该围绕业务价值，而非技术实践。

开发人员不应为了编写测试而请求授权。他们不应该将单元测试或重构视为单独的任务，"上线某个功能"也不是单独的任务。这些技术活动应该分摊到所有功能的开发中。它们不是可选的。管理者们应该只与开发人员讨论需要交付的内容和时间，不应该讨论如何交付。如果开发人员让出对工作细节的把控，其实就是在邀请管理者们进行微观管理。

莫非开发人员应该隐藏他们的工作方式？不，绝对不是。开发人员应该能够向任何感兴趣的人清楚地描述他们的工作方式及其优势，但不应该让其他人决定他们的工作方式。开发人员与业务人员之间的对话应该是关于为什么、做什么以及何时做，而不是如何去做。

7.9　匠艺对个人的影响

匠艺对个人有着深远的影响。人们通常将个人生活与职业生活区分开来。诸如"我不想在离开办公室后继续谈论工作"，或者"我在生活中有不同的兴趣"等话语，使工作听起来像是一种负担、一件坏事，你只是不得不工作，而不是自己想要工作。然而，将生活强行切分成几部分的问题在于，几种生活会不断发生冲突。我们会始终感到：无论选择哪种生活，我们必须得牺牲另一种生活。

匠艺提倡将软件开发作为一种职业。职业不同于工作。工作是我们要做的事情，但并不是我们自己的一部分。而职业则是我们的一部分。当被问到"你是做什么的"，仅仅从事一份工作的人通常会说诸如"我在 X 公司工作"或者"我的工作是软件开发"。但是职业人士通常会说："我是一个软件开发人员。"我们会对职业进行投资。

我们希望在职业上不断精进。我们希望获得更多技能，并且拥有长久而充实的职业生涯。

这并不意味着我们不能与家人在一起，或者不能在生活中拥有其他兴趣。相反，这意味着我们能够找到一种平衡所有承诺和兴趣的方法，使得我们能够过上完整、平衡而幸福的一生。有时我们想更多关注家庭，有时我们更多关注专业，有时我们还会更关注兴趣爱好。这都没问题。我们在不同的时期有不同的需求。如果我们拥有的是一份专业工作，上班就不再是烦心的例行公事，而是另一件能给我们带来愉悦和个人满足感的事。专业工作给我们的生活赋予了意义。

7.10 匠艺对行业的影响

自 2008 年以来，世界各地组织的软件匠艺社区和会议与日俱增，吸引了成千上万的开发人员。敏捷社区更强调软件项目的人员和流程方面，而匠艺社区则更聚焦于技术方面。它们是向全球众多开发人员和公司推广极限编程和其他许多技术实践的关键。正是通过软件匠艺社区，开发人员学习测试驱动开发（TDD）、持续集成、结对编程、简单设计、SOLID 原则、整洁代码和重构。他们还学习如何使用微服务来设计系统架构，如何自动化部署流水线，以及如何将系统迁移到云。他们学习多种编程语言和编程范式。他们学习测试和维护应用程序的新技术、新方法。匠艺社区里的开发人员创造了安全而友好的空间，在那里他们可以结识志趣相投的人，讨论各自的职业。

软件匠艺社区极为包容。从一开始，软件匠艺的主要目标之一就是将各种背景的软件开发人员召集在一起，以便他们可以互相学习，并提高软件开发的整体职业水平。匠艺社区持技术中立的态度，所有开发人员都欢迎参加这些聚会，不论他们当前的专业水平高低。匠艺社区致力于培养下一代专业人士。通过举办各种活动，使加入我们行业的人们可以学习必要的实践，以构建精雕细琢的软件。

7.11　匠艺对公司的影响

软件匠艺得到越来越多的接纳。许多导入敏捷的公司现在都在寻求匠艺来提高其工程能力。但是，软件匠艺没有像敏捷那样的商业吸引力。极限编程仍然是许多管理人员不理解或毫无兴致的东西。管理人员了解 Scrum、迭代、演示、回顾、协作和快速反馈循环，但对编程相关的技术却并不那么感兴趣。对于大多数人而言，极限编程与编程有关，与敏捷软件开发无关。

与 20 世纪 00 年代初期具有丰富技术背景的敏捷教练不同，当今大多数敏捷教练都无法传授极限编程实践，也无法与业务人员讨论工程问题。他们无法与开发人员一起坐下来结对编程。他们无法讨论简单设计，也不能帮助你配置持续集成流水线。他们无法帮助开发人员重构遗留代码。他们既无法讨论测试策略，也无法讨论如何在生产环境中维护多个服务。他们无法向业务人员解释某些技术实践的真正优势，更不用说制定技术战略或针对技术战略提供建议了。

但是公司需要可靠的系统——能够快速响应业务需求的系统。公司还需要积极进取、能力合格的技术团队，这样的团队才能做好创建和维护系统的工作。这些正是软件匠艺擅长的领域。

软件匠艺的理念激励了许多开发人员。软件匠艺给了他们使命感和自豪感，激发了他们与生俱来的想把事情做好的意愿。开发人员也是人，他们愿意学习，想把事情做好——他们只是需要得到必要的支持，以及一个能让他们发光发热的环境。拥抱匠艺的公司通常会看到内部实践社区蓬勃发展。开发人员会组织内部学习，一起编码，练习测试驱动开发，提高他们的软件设计技能。他们开始有兴趣学习新技术，用现代的技术改进自己的系统。他们会讨论用更好的方法改进代码库、消除技术债。软件匠艺促进了学习的文化，使公司更具创新力和响应力。

7.12　匠艺与敏捷

许多开发人员对敏捷未来的发展方向感到失望，这是催生软件匠艺运动的诱因之一。正因如此，有些人觉得匠艺和敏捷相互排斥。同时参与匠艺运动和敏捷运动的人士会批评敏捷过分关注过程，缺乏对工程的关注。而敏捷运动的参与者则批评匠艺的关注点太窄，或者缺乏对实际业务和人员问题的关注。

尽管双方都有一些合理的担忧，但大多数分歧是由于立场不同，而非根本意见分歧。本质上，这两个运动的目标非常相似。两者都希望客户满意，都渴望紧密合作，并且都重视短的反馈循环。两者都希望交付高质量、有价值的工作，并且都要求专业性。为了获得业务敏捷性，公司不仅需要协作和迭代的流程，还需要良好的工程技能。敏捷与匠艺的结合是实现这一目标的完美方法。

7.13 结论

在 2001 年的雪鸟会议上，肯特·贝克说过：敏捷要修复开发与业务之间的鸿沟。不幸的是，当项目经理涌入敏捷社区时，最初创建敏捷社区的开发人员感觉被剥夺了价值。因此，他们离开敏捷去组织匠艺运动，而长久以来的不信任仍在延续。

不过，敏捷与匠艺在价值观层面是高度统一的。这两个运动不应分裂。希望有一天，它们能再次携手并进。

第 **8** 章

结论

就是这些了。以上就是我的回忆、观点以及对敏捷的咆哮和疯话。我希望你喜欢，要是还能有点儿收获就更好了。

在所有软件过程和方法的改革中，敏捷可能是意义最为重大、影响最为持久的。这种重大的意义和持久的影响证明，2001 年 2 月，参加犹他州雪鸟会议的 17 个人是真的从很高的山顶上推动了一个雪球。踩着那个雪球，看着它越滚越大、越滚越快，看着它撞到石头和树上，这一切对我来说都非常有趣。

现在，我认为该有人站出来，并大声提醒人们：什么是敏捷，敏捷应该坚持什么。所以我写了这本书。我想是时候正本清源了。

无论过去、现在还是未来，敏捷的本源从未变过。它们是罗恩·杰弗里斯的生命之环中的纪律，它们是肯特·贝克的《解析极限编程：拥抱变化》一书中的价值观、原则和纪律，它们是马丁·福勒的《重构：改善既有代码的设计（第 2 版）》一书中的动机、技术和纪律。格雷迪·布奇、迪马可、爱德华·纳什·尤登（Edward Nash Yourdon）、拉里·勒罗伊·康斯坦丁（Larry LeRoy Constantine）、梅利·佩奇-琼斯（Meilir Page-Jones）和雷蒙德·李斯特（Raymond Lister）都提到过它们。

艾兹格·W·迪杰斯特拉、奥利-约翰·达尔（Ole-Johan Dahl）和托尼·霍尔（Tony Hoare）为它们呐喊过。高德纳（Donald Ervin Knuth）、伯特兰·迈耶（Bertrand Meyer）、伊瓦尔·亚尔玛·雅各布森（Ivar Hjalmar Jacobson）和詹姆斯·兰宝（James E. Rumbaugh）谈论过它们。吉姆·科普林、埃里克·伽玛、理查德·海尔姆、约翰·弗利塞德斯和拉夫·约翰逊也回应过它们。如果你仔细倾听，你还能从肯·汤普森（Ken Thompson）、丹尼斯·里奇（Dennis Ritchie）、布莱恩·柯林汉（Brian Kernighan）和菲利浦·詹姆斯·普劳格（Phillip James Plauger）的窃窃私语中听到它们。就连阿隆佐·丘奇（Alonzo Church）、冯·诺伊曼（Von Neumann）和阿兰·图灵也对这些基础的本源微笑颔首。

这些古老的本源历经考验，真实无比。不论在周边增加多少花里胡哨的东西，那些本源仍然屹立不倒，仍然至关重要，仍然是敏捷软件开发的核心。

跋

埃里克·克里奇洛（Eric Crichlow），写于 2019 年 4 月 5 日

我至今还记得我的第一份工作，当时那家公司决定转型敏捷。那是 2008 年，该公司刚被一家大企业并购，公司的政策、流程和人事都发生了很大的变化。在我后来的一两份工作中，公司也都很重视敏捷实践。他们近乎虔诚地遵循敏捷的仪式：迭代计划、展示、迭代评审……在其中一家公司，所有开发人员都被送去参加为期两天的敏捷培训，并被认证为 Scrum Master。我当时是移动应用开发者，他们还让我开发了一个玩敏捷扑克的移动应用。

但是，在初次接触敏捷之后的 11 年中，我也见过好些公司，我完全不记得他们是否使用了敏捷实践。或许是因为敏捷已经如此普及，以至于我没有认真留意这些公司是否在实践敏捷。又或许，有很多企业还没有采用敏捷。

刚接触敏捷的时候，我对它并不特别热衷。瀑布或许有其问题，不过我所在的团队并没有花太多时间写设计文档。作为开发人员，我的日常基本就是：有人口头告诉我下次发布时要做哪些功能，以及下次发布的时间，然后就没人再来打扰我了。确实，这种工作方式有可能招致可怕的死亡行军，但也给了我充分的自由，让我可以随心所欲地安排自己的计划。没有频繁的检查，没有必须解释"昨天做了什么、今天要做什么"的每日站会。如果我想花一周时间重新发明某个轮子，那么我大可以放手去做，没有人会来判断我这个决策是否正确，因为没人知道我干了这件事。

从前管理我的一位开发总监把我们称为"代码牛仔"，说我们就像在软件开发的狂野西部一样，沉迷于从键盘轰出一堆堆代码。他说得对。而敏捷实践就像小镇上新来的警长，试图约束我们的牛仔行径。

想赢得我的青睐，敏捷还差得远呢。

那时候要是有人说，敏捷会成为软件开发的事实标准，所有软件开发者都会积极拥抱它，那可真有点儿自以为是。而如今要是有人拒绝承认敏捷在软件开发界的重要性，那也有些幼稚。但那到底是什么意思呢？敏捷的重要性到底是什么？

你可以去那些"敏捷的组织"里，问其中的人敏捷到底是什么。非常有可能，你从开发人员那里得到的答案与从开发经理那里得到的答案会大相径庭。或许这正是本书最具启发意义之处所在。

在开发人员看来，敏捷这种方法论的用途是使开发过程顺畅流动，使软件开发更加可预测、可实施、可管理。我们从这个角度来看待敏捷是很合理的，因为这是最直接对我们产生影响的角度。

个人经验而论，管理者会如何使用敏捷实践提供的度量指标与数据，大多数开发人员一无所知。在某些组织里，整个开发团队会参与讨论度量指标；但还有很多组织中，开发人员甚至压根不知道有这些讨论。而且，在有些组织里，关于度量指标的讨论确实从未发生过。

虽然我早就知道敏捷的这些现象，但这本书仍然给了我很多启迪，让我更深入地理解敏捷创始人们最初的意图与思考过程，而且，透过这本书，我看到了敏捷创始人们普通人的一面。他们不是一帮高高在上的精英架构师，不是命中注定的软件工程大师，也不是程序员推选的传教士。他们只是一帮经验丰富的软件开发者，恰好有一些让工作和生活简单一点儿、少点儿压力的点子。他们已经厌倦了在注定失败的环境中工作，他们希望培育有可能收获成功的环境。

这听起来就是普普通通的开发人员，跟我在每家公司里一起合作过的那些开发人员一样。

要是雪鸟会议晚 15 年召开，或许我能看到很多与我合作过的开发者会参与其中，并在数字文档中留下我们的想法。但是，作为另外一拨久经沙场的开发者，我们容易沉迷于异想天开的套路，而这些在企业软件开发的现实世界中恐怕无法很好地发挥作用。或许在一个高端咨询顾问掌权、企业和管理层都对自己的承诺负责的世界里，我们的想法都能变成现实。但我们只是软件工厂的大机器上可替换的齿轮，没什么影响力。所以，对于"极限编程权利条款"这样的倡议，我们会觉得那也只是一种理想，对于我们大多数人而言不会成真。

在如今的社交媒体社区里，我欣喜地看到很多软件开发者跳出了计算机科学学位和朝九晚五工作的边界，与全世界的其他开发者相连接，以各种方式互相学习，分享自己的知识和经验，教导和激励其他新入行的软件开发者。我衷心希望，软件开发方法论的下一次重大变革，会从这些年轻的后来者的线上集会开始萌芽。所以，在等待下一代开发者带来下一个大事件的同时，我们不妨花点儿时间来重新思考一下当前的处境和眼下必须要做的事。

现在你已经读过了这本书，请回顾一下其中的内容，想想敏捷有哪些方面是你已经知道但很少深入思考的。试着从业务分析师、项目经理或者开发人员之外的任何管理角色的视角来思考，假想你需要负责做发布计划或者创建产品路线图。从这些不同的角度思考，开发人员给敏捷过程提供的输入对这些角色有什么价值。你作为一个开发人员的输入，会对整个过程产生影响，而不仅仅是影响你自己接下来两周的工作量。做完这些反思，再回头来读这本书。用更宽广的视角来读这本书，我相信你会收获更多有价值的洞察。

然后，请鼓励你团队里的另一位开发人员阅读这本书，并进行同样的内省。如果可能的话，请把这本书传给不是开发人员的某位同事，传给公司负责"业务"那一块的某人。我几乎可以向你保证，他们从来没认真思考过"极限编程权利条款"。或许你能让他们明白：这些权利是敏捷密不可分的组成部分，就跟他们从敏捷中抽取出来的度量指标一样。如果他们真能明白这一点，你的生活会变好很多。

你可能会说，在软件开发领域，敏捷已经变成了一种宗教信仰。我们中的很多人把敏捷当作最佳实践接受了。但为什么？很多人只是听别人这样说而已。敏捷成了一种传统：事情就是这样做的。对新一代企业软件开发者来说，敏捷从来都在那儿。他们，甚至我们这些老一辈开发者中的很多人，并不真的知道敏捷从哪儿来、最初的目标和愿景是什么、那些实践到底是为什么。不论你如何看待宗教信仰，但要承认：最好的信徒会努力理解自己到底在信仰什么，而不是听别人怎么说就怎么信。并且，跟宗教一样，敏捷也没有一个所有人共同接受的统一版本。

想象一下，如果你能看到你所信仰的宗教的起源，理解起初的那些事件和思考是如何塑造了你后来看到的教义，那该是多么了不起的事。现在，你手上的这本书，将从职业生涯的角度帮你获得这样的洞察。请尽量使用这本书，并尽你所能地将它传播给别人。请重申敏捷最初的目标。那是你和同行们一直向往、一直谈论的目标，但或许在长久的探索中，你们已经不由自主地放弃了这个目标。我们的目标是让成功的软件开发成为可能，让组织的目标得以达成，让流程能帮助人们更好地做事。

索引

A

Acceptance Tests（验收测试）

Behavior-Driven Development（行为驱动开发），90

collaboration between business analysts, QA, and developers（业务分析师、QA、开发人员之间的协作），91～93

Continuous Build server in（验收测试中的持续构建服务器），93

developer's responsibility for（开发人员对验收测试的责任），93

expectation of test automation（对自动化测试的期望），53

expectation that QA finds no faults（期望 QA 找不出缺陷），52

overview of（验收测试的概述），88～89

practice of（验收测试的实践），90～91

QA and（质量保证与验收测试），79～80

tools/methodologies（工具/方法论），89～90

ACSM（Advanced Certified Scrum Master, Scrum 联盟的进阶敏捷教练认证），165

Adaptability（适应性）

expectation related to expense of（关于适应性成本的期望），49～50

great tools and（优秀的工具与适应性），153～154

Adaptive Software Development（ASD）（适应性软件开发），174～175

Adkins, Lyssa（丽萨·阿金斯），158

Advanced Certified Scrum Master（ACSM，Scrum 联盟的进阶敏捷教练认证），165

Adzic, Gojko（戈杰科·阿契克），44

Agile & Iterative Development: A Manager's Guide (Larman)（《敏捷迭代开发：管理者指南》），3

Agile hangover（敏捷的宿醉），169～170

Agile in the large (big or multiple teams)（大型或多团队敏捷）

appropriateness of Agile for（大型敏捷的适当性），144～147

becoming Agile and（成为敏捷与大型敏捷），161

C

M

Q

T